含风电电力系统的规划与运行优化

戴朝华 著

科学出版社
北京

内 容 简 介

本书介绍了近年来含风电电力系统规划与运行优化的热点研究问题，各章包括理论研究与仿真验证。全书共 7 章，内容分别为风电概率特性、风电场相关性、含风电电力系统的调峰优化、含风电电力系统的机组组合、风力发电装机容量优化、含大规模风电电力系统的无功优化及考虑多风电场相关性的电力系统调度优化。

本书汇总了作者所在团队近年来在含风电电力系统规划与运行优化方面的若干研究成果，相关方法也适用于含其他可再生能源发电的电力系统。可以作为电气工程及其自动化和相关专业研究生、科技人员的教学与参考书籍。

图书在版编目（CIP）数据

含风电电力系统的规划与运行优化 / 戴朝华著. —北京：科学出版社，2019.11

ISBN 978-7-03-062755-1

Ⅰ. ①含⋯ Ⅱ. ①戴⋯ Ⅲ. ①风力发电系统—电力系统规划 ②风力发电系统—电力系统运行 Ⅳ. ①TM614

中国版本图书馆 CIP 数据核字（2019）第 228844 号

责任编辑：华宗琪 / 责任校对：彭珍珍
责任印制：罗　科 / 封面设计：墨创文化

科学出版社 出版

北京东黄城根北街 16 号
邮政编码：100717
http://www.sciencep.com

成都锦瑞印刷有限责任公司印刷
科学出版社发行　各地新华书店经销

*

2019 年 11 月第　一　版　　开本：787×1092　1/16
2019 年 11 月第一次印刷　　印张：11 1/2
字数：270 000

定价：109.00 元
（如有印装质量问题，我社负责调换）

前　言

随着能源安全、环境保护、气候变化等问题的日益突出，减少化石能源使用，加快开发和利用可再生能源，已成为国际社会的普遍共识和一致行动。风电作为技术成熟、环境友好的可再生能源，已在全球范围内实现大规模的开发应用。到 2016 年，在美国，风电已超过传统水电成为第一大可再生能源。在德国，陆上风电已成为整个能源体系中价格最低的能源，且在过去的数年间风电技术快速发展，彻底实现风电市场化。2017 年整个欧洲地区风电占电力消费的比例达到 11.6%，其中丹麦的风电占电力消费的比例达到 44.4%，并在风电高峰时期依靠其发达的国家电网互联将多余电力输送至周边国家；德国的风电占电力消费的比例达到 20.8%；英国达到 13.5%。此外，2017 年全球陆上风电平准化度电成本已经明显低于化石能源，陆上风电平均成本逐渐接近水电，成为最经济的绿色电力之一。2017 年我国风电新增并网装机容量占全部电力新增并网装机容量的 14.6%，累计并网装机容量占全部发电装机容量的 9.2%。风电新增装机容量占比近几年均维持在 14%以上，累计装机容量占比则呈现稳步提升的态势。

随着我国风电事业的发展，风电并网的比例越来越大，风电并网的难题日益突出。相对于传统能源，风电等新能源具有典型的随机性、波动性和间歇性，给电力系统的规划和运行带来很多不确定因素，弃风现象时有发生。以 2015 年为例，全国弃风量达到了 175 亿 kWh，平均弃风率为 15.2%。除此之外，风电往往具有"反调峰特性"，即在负荷高峰期，风电少发，在负荷低谷期，风电多发，从而拉大了有效负荷峰谷差值，给传统火力发电带来更大的调峰压力。除上述原因外，传输通道、网架结构、缺乏灵活调节手段等因素，给风电消纳和电力系统规划、运行控制等带来巨大挑战。

为此，含风电电力系统的规划与运行优化迫在眉睫。本书分别从风电概率特性、风电场相关性、含风电电力系统的调峰优化、含风电电力系统的机组组合、风力发电装机容量优化、含大规模风电电力系统的无功优化、考虑多风电场相关性的电力系统调度优化方面进行阐述。

第 1 章为风电概率特性，介绍风电随机性和波动性建模、风电场景分析方法以及静态和动态风电场景模型的建立。

第 2 章为风电场相关性，分别从 Copula 理论、二维相关性模型、高维相关性模型以及风电场相关性模型的优化研究方面进行介绍。

第 3 章为含风电电力系统的调峰优化，分别从风电远期预测、风电-水电联合运行策略、考虑风电-水电联合运行的电力系统运行模拟以及考虑风电出力不确定性的某电网调峰能力分析等方面进行阐述。

第 4 章为含风电电力系统的机组组合，分别从负调峰能力与风电预测、机组组合建模、多目标机组组合优化求解方法以及考虑风电时间相关性的多面体鲁棒机组组合优化方面进行介绍。

　　第 5 章为风力发电装机容量优化,分别从风电工程经济效益研究、风电预测误差及含风电电力系统安全域分析、风电装机规划多目标模型与算法等方面进行介绍。

　　第 6 章为含大规模风电电力系统的无功优化,分别从风电运行场景静态无功优化、风电灵敏度场景静态无功优化以及风电运行场景动态无功优化等方面进行介绍。

　　第 7 章为考虑多风电场相关性的电力系统调度优化,分别从多风电场出力相关性的场景概率模型、含多风电场的电力系统经济调度模型以及实例分析等方面进行介绍。

　　本书介绍的研究成果主要来自于作者指导的研究生,他们是向红吉、明杰、蒋楠、赵传、袁爽。侯怡爽整理了本书的初稿。在此向他们表示感谢。同时感谢国网湖南省电力公司经济技术研究院、国网四川省电力公司经济技术研究院的支持。由于作者水平有限,本书作为一家之音,难免存在不足之处,欢迎广大读者批评指正。

目　　录

第1章 风电概率特性

1.1 引 言

1.1.1 研究背景及意义

随着我国风电产业的发展，风电并网的比例越来越大，风电并入电网面临的难题日益突出。相对于传统能源，风电的随机性和波动性给电力系统带来很多不确定因素。在本书中，风电的随机性是指无法准确预测引起的预测误差，波动性是指风电在分钟级以及秒级时间尺度的波动情况。由于风电在秒级时间尺度上的波动主要影响电力系统暂态（暂态稳定以及频率）性能，因此本书暂不考虑风电在秒级时间尺度上的波动情况。

本书主要在电力系统稳定运行范围以内，针对风电随机性及波动性进行建模。风电预测在此不做专门研究，仅将其当成已知条件作为风电随机性的输入数据。风电的随机性采用场景分析法进行分析。具有随机性的风电并入电力系统后，会给电力系统的运行和规划带来不同程度的影响，对风电的建模也会提出不同的要求。静态场景在考虑风电不确定性中长期时间尺度的电力系统规划与运行等问题是适用的，如概率潮流、最优潮流和静态经济调度。从时间的相关性出发进行考虑，可将动态场景模型应用于目前的经济调度[1]、动态无功优化等[2, 3]。

1.1.2 国内外研究现状

1. 风电随机性与波动性建模

目前存在很多针对风电预测的手段和方法，但它们在预测精度上都存在或多或少的问题，不可避免地会存在一些误差。因此，风电的概率分布及风电预测误差的概率分布成为一个热点问题。现有的文献普遍认为风电的预测误差呈正态分布[4]，但是实际上风电预测误差，尤其是多个风电场的预测误差往往并不符合正态分布。风电预测误差中基于概率模型的方法存在很多模型来拟合其分布，除现有的正态分布以外，还有贝塔（Beta）分布[5]、非参数的经验分布[6]等。另外，还有自回归滑动平均模型[7]，也可以通过数学建模解决预测误差的问题。

风电功率的波动特性作为风电的主要特性也被学者关注，但是目前对其进行的研究还很少，大多都是利用 t 分布来拟合风功率波动，以及利用 K-means 聚类算法确定 t 分布模型参数（尺度参数和位置参数）来解决该问题[8]。

2. 风电场景分析方法

由于风电随机性以及波动性的描述多是微积分的形式，大多数情况下无法将其直接应用于电力系统运行与规划，如对于含有变压器调档、电容器投切的无功运行模型当中的整数变量，因此需要将概率模型进行离散化处理。概率模型的离散化即本书所指的场景（scenario），对概率模型进行采样得到的一系列场景集合即场景生成（scenario generation）。由于采样的场景非常多，在科学研究当中为了减少计算量，需在降低计算量又不失结果准确性的前提下，将现有采样场景用最有可能发生的较少数量场景替代，此过程即场景削减或者场景聚类；由场景生成到场景削减或场景聚类的一整套过程称为场景分析。

目前风电场景生成方法主要有以下几种：

（1）根据风速信息，利用风速和风电出力的关系产生风功率场景[9, 10]。

（2）采用拉丁超立方抽样（Latin hypercube sampling，LHS）等采样方法对风电概率分布进行抽样，抽样的结果即风电的场景[11, 12]。

（3）利用非参数概率估计（nonparametric probability estimation）方法，将预测结果转换成一系列风电的场景[13]。

上述方法各有优缺点，下面进行具体阐述：

方法（1）对于单台风力发电机具有较强的适用性，但是针对大范围的风电场或风电场群存在很大的误差。究其原因主要在于大范围的风电场或风电场群的地域分布较广，地形复杂，风电场的测风点只能代表风电场的局部风速特性，而且不同风力发电机往往具有不完全相同的风速-风功率曲线，从而无法仅用几个风力发电机的概率分布代替整个风电场或风电场群的概率分布。因此，只针对一个风电场的其中一组风速-风功率曲线来估计整个风电场或风电场群风功率的概率分布是不合适的。

方法（2）对于静态场景的生成是非常适用的，也就是说在单一时间平面上，LHS方法具有很好的采样效果，但是针对具有时间相关性的情况，其采样点在时间上不具有相关性，因此LHS方法无法对其进行采样。对于目前的经济调度，各个发电机出力存在爬坡能力约束关系；对于目前的无功优化，各个控制变量之间存在时间约束关系，所得的结果将与实际情况不符。因此，在这种情况下方法（2）具有一定的局限性。

方法（3）对于生成大量场景具有很高的合理性，但是从时间断面来说，每一个时间断面都应该存在一个概率分布，而目前的风功率非参数概率估计方法只能得到一个时间断面的概率分布，对于连续性风功率预测可能会因为没有考虑时间上的波动而导致其他时刻的估计值误差较大。

对于场景削减，需要削减后的场景集求解优化问题得到的结果与采用原始场景集求解得到的结果在一定精度下保持一致，最终利用仅含有少量代表性场景的集合来代替原始场景集，每个场景发生的概率与其一一对应。目前场景削减的方法大多采用前推回代[14]方法，从实验结果角度来看，其具有良好的性能，因此得到了大规模的应用。

对于场景聚类，主要方法是基于划分[15]的聚类方法，也称为基于目标函数的聚类方法。典型的基于划分的聚类方法包括 *K*-means、*K*-melodies、*K*-mode 等。

针对风电出力的随机性以及波动性，典型的处理方法即上述所阐述的场景分析方法。传统风电场景（wind power scenario，WPS）分析方法主要将具有相同数学特征的风电有功出力归为一类，或者利用风电的输出特性归类，将额定容量、切入风速、额定风速和切出风速的差异进行归类，此时将风电场景分为额定场景、欠额定场景及零输入场景。

1.2　静态和动态风电场景模型建立

　　风电接入电网会给电力系统的运行和规划带来不同程度的挑战,因此本节建立静态和动态风电场景模型对风电场的随机性进行分析。静态场景模型从单一时间断面的角度出发,适用于含风、光、负荷等不确定中长期统计规律的电力系统规划和运行问题。针对含大规模风电的电力系统动态运行问题,必须考虑时间上的相关性,因此需要从连续时间轴的角度出发,采用动态场景模型。本章介绍风电静态场景模型和动态场景模型的建立方法,其中静态场景由某个或多个相互独立随机变量抽样出的样本生成,动态场景由目前已知的风功率出力曲线产生,时间分辨率为 15min。

1.2.1　基于非参数密度估计的风功率概率分布

　　在电力系统中,可将风速和风功率当成随机变量,它们在静态场景生成过程中具有关键作用,其中,风功率的累积概率分布是场景生成的基础。风功率的概率分布大多针对多个风电场,存在风电场概率分布差异问题,因此不存在解析函数。目前较为经典的风速概率分布为两参数韦布尔分布(Weibull distrbution)[16],该分布利用风速和风功率之间的关系来描述风功率的概率分布,对于单台风力发电机具有较强的适用性[15];大范围的风电场或风电场群具有地域分布较广、地形复杂等特点,风电场的测风点只能代表风电场的局部风速特性,因此采用一个风电场的其中一组风速曲线来估计整个风电场或风电场群风功率的概率分布是不合适的[17]。本节针对多个风电场或风电场群,采用非参数的经验分布函数来估计风功率概率分布。

　　非参数密度估计通过数据直接构建随机变量的边缘分布函数,无须假设随机变量服从某种分布函数[6]。因此,只需要根据足够多的历史数据统计,即可近似估计风功率的概率分布,其中核密度估计方法是一种效果较好的非参数密度估计方法。假设 $X_1, X_2, \cdots, X_n$ 是非参数核密度估计的样本,在任意点 x 处,其总体密度函数 $f_h(x)$ 的核密度估计为

$$\hat{f}_h(x) = \frac{1}{nh} \sum_{i=1}^{n} K\left(\frac{x - X_i}{h}\right) \tag{1-1}$$

式中,h 为窗口的宽度;n 为样本总数;X_i 为目标样本;$K(\cdot)$ 为核函数,且满足式(1-2):

$$K(x) \geqslant 0, \quad \int_{-\infty}^{+\infty} K(x)\mathrm{d}x = 1 \tag{1-2}$$

　　常用的核函数有均匀核函数、高斯核函数、三角核函数等。通常来说,不同的核函数对核密度估计不存在根本性影响。本章选择高斯核函数作为核密度估计核函数,如式(1-3)所示:

$$K\left(\frac{x - X_i}{h}\right) = \frac{1}{\sqrt{2\pi}} \exp\left(-\frac{(x - X_i)^2}{2h^2}\right) \tag{1-3}$$

　　如图 1-1 所示,h 的取值会影响 $\hat{f}_h(x)$ 的光滑程度。当 $h = 9$ 时,$\hat{f}_h(x)$ 出现较多的错

误峰值，并且曲线不平滑；当 $h = 0.1$ 时，离得较近的点和离得较远的点会对曲线产生较大的影响，导致 $\hat{f}_h(x)$ 曲线不光滑，出现较多的错误峰值，但是可以显示很多细节。因此，窗口宽度对核密度估计具有重要意义。本章采用经验法则求取的最佳窗口宽度为

$$h_{\text{best}} = 1.06\sigma n^{-\frac{1}{5}} \tag{1-4}$$

式中，σ 为正态分布标准差。

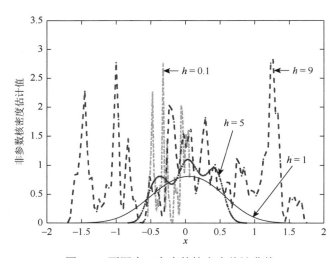

图 1-1　不同窗口宽度的核密度估计曲线

1.2.2　基于预测箱的风功率预测误差概率分布

在接入含有大规模风电的电力系统时，也可将风功率的预测误差看作一种随机变量。本节采用概率分布函数来描述风功率预测误差的统计规律，介绍基于预测箱的风功率预测误差概率分布。本节的风功率预测误差概率分布即在该时刻点预测已知的条件下某时刻风电可能出力的条件概率分布。

预测箱是指统计点的预测误差分布[18]。基于预测箱的风功率预测误差概率分布确定方法原理为：首先将风电预测值按照数值大小进行升序排序；然后将实测值放入相应的数值区间内，数值区间的个数应根据数据组的规模确定；最后根据每个预测箱中风电预测值所对应的风电实测值，求解其风电出力可能的概率分布。

在现有的研究当中，学者普遍用一种特定的解析理论分布（theoretical distribution）来刻画风电的实测概率分布。文献[5]认为预测箱内的实测值服从贝塔分布；而文献[8]认为贝塔分布并不能刻画风电的概率分布，并提出了一种混合分布模型（mixed distribution model）近似估计预测箱内的实测值分布。

不同的风电预测方法会导致风电的预测误差不同，因此预测箱实测值的概率无法服从某种特定的概率分布。根据 1.2.1 节介绍的非参数核密度估计的概率分布来近似估计实测值的概率分布。实测分布的概率分布并不像静态分布一样用一个特定的概率分布进行描

述，而是根据每个预测箱中的实测数据进行概率分布估计。图 1-2 为预测箱内风电实测值概率分布的频数直方图及其正态分布、贝塔分布的拟合曲线，图中结果表明不同预测箱的概率分布差异很大，预测箱 1 的概率分布用正态分布和贝塔分布都不能很好地刻画风电实测曲线的概率分布，而预测箱 2 的概率分布能用正态分布或者贝塔分布进行较好的拟合。

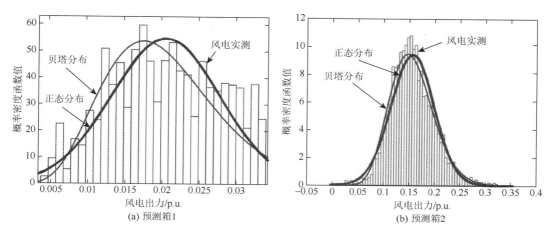

图 1-2　预测箱内风电实测值概率分布的频数直方图及其正态分布、贝塔分布的拟合曲线

1.2.3　静态场景生成方法

对于现有的采样方法，如果在变量概率分布已知的情况下，可以采用逆变换的采样方法进行采样。本节利用 LHS 方法进行采样，该方法属于分层采样的方法，主要优点在于可以避免重复采样，一定精度下能够反映随机变量的分布。

LHS 的主要步骤有采样及排序，采样可以使模型所得值均匀覆盖全体，而排序能使变量之间的相关性问题得到解决，具体过程如下。

1）采样

设 $X_1, X_2, \cdots, X_N$ 的概率分布函数为

$$Y_k = G_k(X_k), \quad k = 1, 2, \cdots, N \tag{1-5}$$

具体过程如下：对于所有的随机变量 X_k，先将其概率分布函数分为 N 个区间；其次对这 N 个区间求取逆变换得到所对应的变量值。图 1-3 为某随机变量 LHS 过程的示意图，由此 LHS 便覆盖了所有信息。但是采样所得到的结果是按照一定排序进行采样的，由此采样随机变量之间的相关性被打破，所以需对其进行重新排序。

2）排序

采样完成以后，需要对采样结果进行重新排序，得到相互独立的样本矩阵。本节利用 Cholesky 分解法进行排序。具体步骤为：首先生成 $1 \sim N$ 个随机排列的矩阵 L，其次求得 L 中每行的相关系数矩阵 ρ，再次进行 Cholesky 分解 $\rho = DD$，最后得到单位阵 $G = DL$。G 中每行元素的大小顺序重新排列，即可得到相互独立的样本矩阵 S。

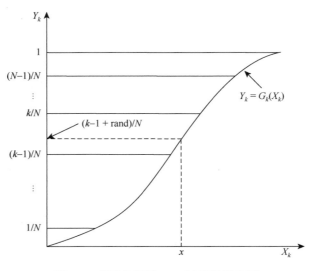

图 1-3　某随机变量 LHS 过程的示意图

为了对比 LHS 和简单随机抽样的优劣，采用 LHS 方法和简单随机抽样法对标准正态分布进行抽样，得到各自的样本。两种抽样方法得到的样本的频数直方图及标准正态分布曲线如图 1-4 所示。由图可见利用简单随机抽样法，样本与标准正态分布存在较大的误差，而 LHS 的误差较小。由此可得，LHS 方法能够更准确地反映被抽样的随机变量的统计特性。

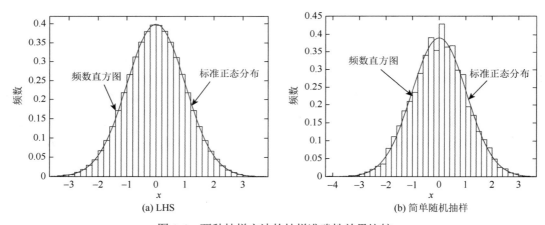

图 1-4　两种抽样方法的抽样准确性效果比较

1.2.4　动态场景生成方法

从概率学的角度上，连续时间段的风功率是一个随机过程。当考虑相邻时间断面的风功率场景产生时，必须考虑风电的时间相关性，本节重点介绍动态场景生成方法。

1. 风功率多元标准正态分布逆变换抽样

对风功率（随机变量）P_t 进行抽样，可以基于逆变换原理，产生一系列服从均匀分布的随机数，然后求取其分布的反函数值，所得的反函数值便为风功率值[18-20]。因此，可以利用一个服从标准分布的随机变量 Z_t，其标准差是 1，期望是 0，产生随机数；随机数的标准正态分布函数值的集合服从[0, 1]区间的均匀分布。当已知随机变量 Z_t 的随机数值时，可以采用式（1-6）和式（1-7）对随机变量 P_t 进行采样：

$$\Phi(Z_t) = \int_{-\infty}^{Z_t} \frac{1}{\sqrt{2\pi}} e^{-\frac{x^2}{2}} dx \tag{1-6}$$

$$P_t = F_l^{-1}(\Phi(Z_t)) \tag{1-7}$$

图 1-5 为一个典型逆变换采样，其中，ECDF（empirical cumulative distribution function）为经验累积分布函数，CDF（cumulative distribution function）为累积分布函数。采样过程中，可以利用联合分布进行采样以表示风电的随机过程，风电在产生动态场景时不仅存在风电预测误差的分布，还存在风电波动性的分布，由此该分布是一个联合分布问题，而逆变换对处理联合分布问题具有较大的优势。

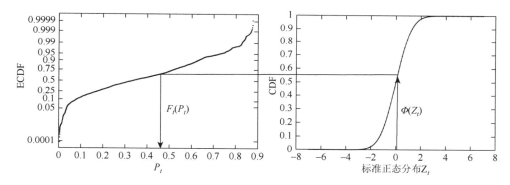

图 1-5　逆变换采样示意图

由上述可知，风功率 $P = \{P_t, t \in T\}$ 可以视为一个随机向量 $Z = (Z_1, Z_2, \cdots, Z_K)$，$K$ 是预测时间长度（本章 $K = 96$），$t = 1, 2, \cdots, K$。假设随机向量 Z 服从多元正态分布 $Z \sim N(\mu, \Sigma)$，期望 μ 是 K 维零向量，协方差矩阵 Σ 满足：

$$\Sigma = \begin{bmatrix} \sigma_{1,1} & \sigma_{1,2} & \cdots & \sigma_{1,K} \\ \sigma_{2,1} & \sigma_{2,2} & \cdots & \sigma_{2,K} \\ \vdots & \vdots & & \vdots \\ \sigma_{K,1} & \sigma_{K,2} & \cdots & \sigma_{K,K} \end{bmatrix} \tag{1-8}$$

$$\rho_{Z_n, Z_m} = \text{corr}(Z_n, Z_m) = \frac{\text{cov}(Z_n, Z_m)}{\sigma_n \sigma_m} \tag{1-9}$$

式中，$\sigma_{n,m} = \text{cov}(Z_n, Z_m)$ $(n, m = 1, 2, \cdots, K)$ 为随机变量 Z_n、Z_m 的相关系数。

2. 协方差关键参数辨识及动态场景生成步骤

本节利用多元正态分布的协方差矩阵来刻画风电的波动性。随机变量 Z_n、Z_m 之间的相关性直接影响多元正态分布的协方差结构，如何求取最佳的 $\sigma_{n,m}$ 是本节的重点。下面利用风功率的波动特性求取最佳的协方差结构。

单位时间间隔（即 15min）内的风功率波动 P_{ramp} 为

$$P_{\text{ramp}} = P_t - P_{t+1} \tag{1-10}$$

式中，P_t 为风功率在 t 时刻的功率大小；P_{t+1} 为风功率在 $t+1$ 时刻的功率大小。

对风功率波动特性利用已知的分布进行拟合，得出如下结果：本章数据得到的风功率分布呈现明显的峰态与厚尾，说明 t 分布[21]能够较好地描述风功率的波动特性，如图 1-6 所示。

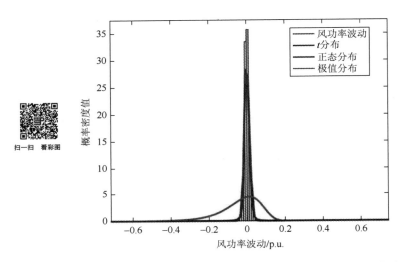

图 1-6　风功率波动频数直方图与对应的理论分布函数拟合曲线

t 分布的另一种表达形式为三参数的"t 分布"，其概率密度函数为 $\mathrm{PDF}(P_{\text{ramp}}, \mu, \kappa, v)$，其中，$\mu$ 是位置参数；κ 是尺度参数；v 是形状参数。

如式（1-11）所示，在相关系数 $\sigma_{n,m}$ 唯一确定的情况下，协方差矩阵便可确定。本节采用文献[22]的思想，利用指数型的协方差函数对相关系数 $\sigma_{n,m}$ 进行建模：

$$\sigma_{n,m} = \mathrm{cov}(Z_n, Z_m) = \exp\left(-\frac{|n-m|}{\varepsilon}\right) \tag{1-11}$$

式中，ε 为范围参数，用于调节不同超前时间长度的随机变量 Z_t 的相关性程度。

估计最佳的 ε 参数非常重要，当参数 ε 给定时，就可以确定相应的协方差矩阵。

假设产生 d 个场景，则有 d 个多元正态分布最佳向量和逆变换抽样，由此便产生了 d 个风电动态场景。可以根据式（1-10）计算其风功率波动，并对其进行 t 分布拟合。由此利用式（1-12）进行协方差关键参数的确认：

$$\min_{\varepsilon} I_{\varepsilon} = \frac{1}{N}\sum_{s\in S}\left|\mathrm{PDF}(s) - \mathrm{PDF}'(s)\right| \tag{1-12}$$

式中，N 是抽样规模，S 是在数值区间[–0.15, 0.15]上的 LHS 抽样点的集合，PDF(s) 和 PDF′(s) 分别是动态场景与历史数据风功率波动的 t 分布概率密度函数值。

由此，风电动态场景产生的步骤为：

（1）根据式（1-12）求得最佳的协方差关键参数 ε，对应的最佳协方差矩阵 Σ 根据关键参数求得，以此确定多元正态分布 $Z \sim N(\mu, \Sigma)$。

（2）对于每个风功率点预测值 P_l，根据预测箱的分类，判断该值属于哪一个预测箱。本节采用预测箱内实测值的非参数分布 $F_l(p)$ 估计风电在超前时间断面的概率分布。

（3）根据步骤（1）中得到的多元正态分布 $Z \sim N(\mu, \Sigma)$，通过多元正态分布随机数生成器生成 d 个多元正态随机向量 Z。

（4）对于每一个超前时间断面，对 d 个多元正态随机向量 Z 的样本进行逆变换。通过这种方式，原多元正态分布随机数最终转化成 d 个风功率动态场景。

为了验证式（1-12）中多元正态分布协方差结构是否合理，本节根据上述步骤介绍的方法随机生成 500 个风功率动态场景，场景数据为北爱尔兰 2015 年 1 月至 2016 年 7 月风电的历史数据，如图 1-7 所示，该场景较好地刻画了风电的时间相关性。

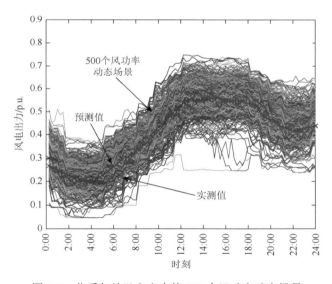

图 1-7　北爱尔兰风电出力的 500 个风功率动态场景

随着 ε 的变化，对应指标 I_ε 的变化情况如图 1-8 所示。由图 1-8 可见：风功率动态场景波动性受关键参数 ε 的影响，因此验证了协方差参数的重要性。当 ε 取不同值时，对应的动态场景风功率波动的概率密度函数拟合结果如图 1-9 所示。由图 1-9 可见，当 $\varepsilon = 1$ 时，多元标准正态分布在不同时刻的相关性降低；当 $\varepsilon = 30$ 时，增大了多元标准正态分布在不同时刻的相关性，使之产生更加剧烈的风功率波动；当 $\varepsilon = 3$ 时，动态场景风功率波动的概率密度函数几乎与历史数据的概率密度函数重叠，随机生成的动态风功率场景与历史数据具有相同的波动性。由此可见，关键参数的选取对于波动性的建模非常关键。

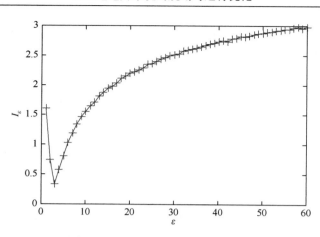

图 1-8　关键参数 ε 与指标 I_ε 的关系

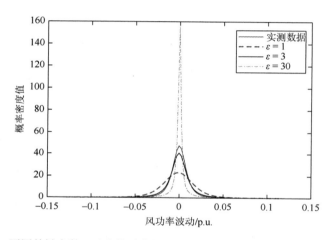

图 1-9　不同关键参数 ε 对应的动态场景风功率波动的概率密度函数形状对比

参 考 文 献

[1]　刘德伟，郭剑波，黄越辉，等. 基于风电功率概率预测和运行风险约束的含风电场电力系统动态经济调度[J]. 中国电机工程学报，2013，33（16）：9-15.

[2]　陈功贵，李智欢，陈金富，等. 含风电场电力系统动态优化潮流的混合蛙跳算法[J]. 电力系统自动化，2009，33（4）：25-30.

[3]　刘公博，颜文涛，张文斌，等. 含分布式电源的配电网动态无功优化调度方法[J]. 电力系统自动化，2015，39（15）：49-54.

[4]　Tewari S，Geyer C J，Mohan N. A statistical model for wind power forecast error and its application to the estimation of penalties in liberalized markets[J]. IEEE Transactions on Power Systems，2011，26（4）：2031-2039.

[5]　杨宏，苑津莎，张铁峰. 一种基于 Beta 分布的风电功率预测误差最小概率区间的模型和算法[J]. 中国电机工程学报，2015，35（9）：2135-2142.

[6]　Liao G，Ming J，Wei B，et al. Wind power prediction errors model and algorithm based on non-parametric kernel density estimation[C]. The 5th International Conference on Electric Utility Deregulation and Restructuring and Power Technologies，2015：1864-1868.

[7]　Chen P，Pedersen T，Bak-Jensen B，et al. ARIMA-based time series model of stochastic wind power generation[J]. IEEE Transactions on Power Systems，2010，25（2）：667-676.

[8]　杨茂，董骏城. 基于混合分布模型的风电功率波动特性研究[J]. 中国电机工程学报，2016，36（S1）：69-78.

[9]　Tuohy A，Meibom P，Denny E，et al. Unit commitment for systems with significant wind penetration[J]. IEEE Transactions on Power Systems，2009，24（2）：592-601.

[10]　王彩霞，鲁宗相. 风电功率预测信息在日前机组组合中的应用[J]. 电力系统自动化，2011，35（7）：13-18.

[11]　Xu X，Yan Z. Probabilistic load flow evaluation with hybrid Latin Hypercube Sampling and multiple linear regression[C]. IEEE Power & Energy Society General Meeting，2015：1-5.

[12]　丁明，王京景，李生虎. 基于扩展拉丁超立方采样的电力系统概率潮流计算[J]. 中国电机工程学报，2013，33（4）：163-170.

[13]　赵建伟，李禹鹏，杨增辉，等. 基于拟蒙特卡罗模拟和核密度估计的概率静态电压稳定计算方法[J]. 电网技术，2016，40（12）：3833-3839.

[14]　Kusiak A，Verma A. Monitoring wind farms with performance curves[J]. IEEE Transactions on Sustainable Energy，2013，4（1）：192-199.

[15]　何禹清，彭建春，文明，等. 含风电的配电网重构场景模型及算法[J]. 中国电机工程学报，2010，30（28）：12-18.

[16]　Carta J A，Ramírez P，Velázquez S. A review of wind speed probability distributions used in wind energy analysis：Case studies in the Canary Islands[J]. Renewable and Sustainable Energy Reviews，2009，13（5）：933-955.

[17]　Savage D. Final report—2006 Minnesota wind integration study[R]. Saint Paul：The Minnesota Public Utilities Commission.

[18]　马溪原. 含风电电力系统的场景分析方法及其在随机优化中的应用[D]. 武汉：武汉大学，2014.

[19]　Ma X Y，Sun Y Z，Fang H L，et al. Scenario-based multiobjective decision-making of optimal access point for wind power transmission corridor in the load centers[J]. IEEE Transactions on Sustainable Energy，2013，4（1）：229-239.

[20]　孟晓丽，高君，盛万兴，等. 含分布式电源的配电网日前两阶段优化调度模型[J]. 电网技术，2015，39（5）：1294-1300.

[21]　林卫星，文劲宇，艾小猛，等. 风电功率波动特性的概率分布研究[J]. 中国电机工程学报，2012，32（1）：38-46.

[22]　袁志发，宋世德. 多元统计分析[M]. 北京：科学出版社，2009.

第 2 章 风电场相关性

2.1 引　　言

2.1.1 研究背景及意义

　　风力发电与传统化石能源发电有很大的区别。由于风力发电在很大程度上取决于气象条件，风向和风速的变化会使得风力发电存在上下波动的情况。而且，随着风力发电技术的不断突破，风电装机容量和风电并网数量不断增加，很可能出现同一区域内多个风电场并网运行的情况。然而，对于地理位置较近的风电场，气流速度呈现较强的相关性，这使得相邻的风电场之间的出力具有显著的空间相关性。因此，有必要对风电场出力的规律及其相关性进行精确建模，减少风电出力的随机性，减小其给电力系统带来的冲击，保证电力系统能够更加有效、安全地利用风能，实现系统的安全经济运行[1]。

　　以往关于含风电场的电力系统经济调度、规划等的研究，大多只考虑了风电的随机性、不确定性，并没有考虑风电场相关性对系统的影响，导致系统调度过程中出现有功调度困难等问题。而在考虑风电场相关性的研究中，主要关注两个风电场间的相关性，对于多个风电场（3 个及以上）出力的相关性的研究几乎没有，而实际的电力系统中，风电场并网的数目往往不止两个，因此，考虑多风电场出力的相关性，建立高维相关性模型对电力系统安全运行具有实际的意义。

2.1.2 国内外研究现状

　　随着风电场规模化和集群化的出现，风电并网给电力系统带来了新的难题：相邻区域内的各风电场的出力、风速具有一定的空间相关性，忽略这种相关性，必然会增加电力系统安全运行风险[2]。因此，如何准确地评估多风电场出力的相关性逐渐受到关注。

　　有学者提出了一种基于空间变换的方法，来处理随机变量间的相关性。例如，文献[3]采用 Cholesky 矩阵分解的方法，首先将相关性转换到独立空间中，然后在独立空间中用常规方法求解相关性问题；但该方法仅适用于符合正态分布的随机变量。文献[4]虽然提出了一种适用于分析非正态分布间相关性的方法，但该方法仅能用于有限的经验分布。文献[5]通过 Nataf 变换的方法，将服从任意分布的随机变量转换到独立正态空间后，再分析多风电场之间的相关性；该方法可用于随机变量为非正态分布的情形。但是通过空间变换这一思路来研究多随机变量间相关性具有一定局限性，其往往仅能描述变量之间的某些特定的相关性，不够全面，且同时需要已知多随机变量间的相关系数和分布函数的具体形式。就实际情况而言，多风电场之间的相关性复杂多变，很难用某一确切、常见的分布函数来描述。此外，还有不少学者采用线性相关的方法来研究风电场出力的相关性。文献[6]采用线性相关系数来分析两风电场间的相关性。文献[7]考虑了多个输入随机变量的线性相关性，提出了基于拉丁超立方采样的蒙特卡罗模拟概率潮流计算方法，虽然该方法不受输入随机变量的概率分布类型的约束，但是风电场出力往往是非线性的，基于线性相关性的研究可能会存在较大误差。因此，综合以上研究现状，需要寻找一种适用于任何分布、能够准确描述非线性相关性的模型和方法。

相关性的研究一直是经济领域的一大热点，其中不乏有很多值得借鉴的处理相关性的方法。Copula 函数是其中用来解决相关性问题最广泛的方法，该方法适用于任意分布的随机变量，能够较好地描述随机变量间的非线性、非对称性及尾部相关性等问题。因此，Copula 函数被不断运用到多风电场的相关性研究中，也取得了不错的研究成果。文献[8]基于 Copula 函数理论，提出了一种多维风速相关性的样本生成法，与矩阵变换法相比，该方法所产生的风速样本更接近历史风速的概率分布特性。文献[9]～[11]构建了基于 Copula 函数理论的多风电场的风速相关性模型，结合蒙特卡罗法、拉丁超立方法进行采样，将得到具有相关性的随机风速样本进行转换得到风电出力运用于概率潮流计算中。文献[12]将 Copula 理论与非参数核密度估计结合，推导了一种 Copula 核估计函数，替代经验 Copula 函数来分析风电场出力相关性，该方法降低了 Copula 参数估计的复杂度并减少了 Copula 参数估计的计算量。基于 Copula 函数的多风电场相关性模型运用得非常广泛，有学者结合 Copula 函数和一阶连续状态马尔可夫链建立了多维时序风速模型，实现对多个风电场风速时间序列的模拟，并将其运用于含多风电场电网的可靠性评估中[13, 14]。

由于 Copula 函数种类繁多，各 Copula 函数对相关性的描述各有所长，例如，Gumbel Copula 函数更容易捕捉到上尾相关性，而 Clayton Copula 函数对下尾的变化比较敏感。由于风电场出力的分布特性较复杂，仅仅采用一种 Copula 函数很难对风电场相关性进行精确建模。针对单一 Copula 模型的不足之处，文献[15]～[17]将多种 Copula 函数结合起来，提出了基于混合 Copula 函数模型的多风电场相关性模型，研究结果表明混合 Copula 函数模型的性能要优于单一 Copula 函数模型。

虽然基于 Copula 函数的二元相关性模型的研究已经比较成熟，但对于更高维模型的相关性的研究还处于探索阶段。为了分析高维风电场相关性，文献[18]和[19]从经济学领域引入了 Pair Copula 理论，采用 Canonical 藤的逻辑分解结构，建立高维风速、风功率相关性模型，并验证了该模型的有效性。文献[20]考虑多维风电场出力的相关性，采用概率积分变换改进传统的点估计方法，提出基于 Pair Copula 函数的随机潮流三点估计法。文献[21]采用混合藤 Copula 模型来描述三维风电场出力之间的相关性，并将其与无功优化模型结合，建立了考虑风电场出力随机性和相关性的概率无功优化模型。

现有研究表明，虽然采用藤结构的 Pair Copula 模型已经能较好地处理多风电场的相关性，但是对该模型的研究和使用还处于发展阶段，还有很多地方值得深入研究。例如，随着模型维度的增加，模型的精度是否会受到影响，还未可知；此外，在进行 Pair Copula 建模时，会涉及多个二元 Copula 函数的参数估计，采用传统的参数估计法进行逐个估计仅能得到各 Copula 函数的个体最优解，但是该模型实质是多个二元 Copula 函数按照一定的逻辑结构构建的，各 Copula 函数参数个体最优并不一定能使得该模型得到全局最优解。

针对以上问题，本章对 Pair Copula 模型展开研究。首先在验证高维风电场相关性模型的基础上搭建不同维度的风电场相关性模型，然后探讨模型维度对模型精度的影响，并针对模型精度问题提出一种基于 Pair Copula 模型参数优化的多风电场出力相关性优化建模方法。

2.2　Copula 理论

2.2.1　概述

Copula 理论实质上是将多元随机变量的联合分布函数与其各自的边缘分布函数连接起来。根据 Sklar 定理：若 $F(\cdot)$ 是一个 n 元随机变量 $x=\{x_1,\cdots,x_n\}$ 的联合概率分布，则一定存在一个 Copula 函数 C，使得

$$F(x_1,\cdots,x_n)=C[F_1(x_1),\cdots,F_n(x_n)] \tag{2-1}$$

若 $F_1(x_1),F_2(x_2),\cdots,F_n(x_n)$ 都是连续函数，则 Copula 函数 C 是唯一确定的。其中，以二元 Copula 函数 $C(u,v)$ 为例，其本身需要满足以下条件：

（1）$C(u,v)$ 的定义域为 $[0,1]\times[0,1]$；

（2）$C(u,v)$ 拥有零基面，且为二维递增；

（3）对任意 $u,v\in[0,1]$，满足 $C(u,1)=u,C(1,v)=v$。

2.2.2　常见的 Copula 函数

Copula 函数中比较常见的三种函数为正态 Copula 函数、t-Copula 函数和阿基米德（Archimedean）Copula 函数。其中，阿基米德 Copula 函数是一类 Copula 函数的总称，主要包括 Gumbel Copula 函数、Clayton Copula 函数及 Frank Copula 函数等。

下面对这三种常见的 Copula 函数作简要的介绍。

1. 正态 Copula 函数

N 元正态 Copula 函数的分布函数表达式为

$$C(u_1,u_2,\cdots,u_N;\rho)=\Phi_\rho(\Phi^{-1}(u_1),\Phi^{-1}(u_2),\cdots,\Phi^{-1}(u_N)) \tag{2-2}$$

密度函数表达式为

$$c(u_1,u_2,\cdots,u_N;\rho)=\frac{\partial^N C(u_1,u_2,\cdots,u_N;\rho)}{\partial u_1\partial u_2\cdots\partial u_N}=|\rho|^{-\frac{1}{2}}\exp\left(-\frac{1}{2}\xi'(\rho^{-1}-1)\xi\right) \tag{2-3}$$

式中，ρ 为对角线上元素皆为 1 的 N 阶正定对称矩阵，$|\rho|$ 为矩阵 ρ 的行列式的值；Φ_ρ 为 N 阶正态分布矩阵（其相关系数矩阵为 ρ）的分布函数，且其边缘分布是标准正态分布，Φ^{-1} 为标准正态分布函数的逆函数；$\xi'=(\Phi^{-1}(u_1),\Phi^{-1}(u_2),\cdots,\Phi^{-1}(u_N))$。

特殊地，当变量为二元时，相对应的正态 Copula 函数可以表示为

$$C(u,v;\rho) = \int_{-\infty}^{\Phi^{-1}(u)} \int_{-\infty}^{\Phi^{-1}(v)} \frac{1}{2\pi\sqrt{1-\rho^2}} \exp\left\{-\frac{s^2 - 2\rho st + t^2}{2(1-\rho^2)}\right\} \mathrm{d}s\mathrm{d}t \tag{2-4}$$

2. t-Copula 函数

N 元 t-Copula 函数的分布函数表达式为

$$C(u_1, u_2, \cdots, u_N; \rho, k) = t_{\rho,k}(t_k^{-1}(u_1), t_k^{-1}(u_2), \cdots, t_k^{-1}(u_N)) \tag{2-5}$$

密度函数表达式为

$$c(u_1, u_2, \cdots, u_N; \rho, k) = |\rho|^{-\frac{1}{2}} \frac{\Gamma\left(\frac{k+N}{2}\right)\left[\Gamma\left(\frac{k}{2}\right)\right]^{N-1}}{\left[\Gamma\left(\frac{k+1}{2}\right)\right]^N} \frac{\left(1 + \frac{1}{k}\xi'\rho^{-1}\xi\right)^{-\frac{k+N}{2}}}{\prod_{i=1}^{N}\left(1 + \frac{\xi_i^2}{k}\right)^{-\frac{k+1}{2}}} \tag{2-6}$$

式（2-5）中，$t_{\rho,k}$ 为标准 N 元 t Copula 函数的分布函数（其相关系数矩阵为 ρ、自由度为 k）；t_k^{-1} 为一元 t Copula 函数（自由度为 k）分布函数的逆函数；$\xi' = (t_k^{-1}(u_1), t_k^{-1}(u_2), \cdots, t_k^{-1}(u_N))$。

特殊地，当变量为二元时，相对应的二元 t-Copula 函数可以表示为

$$C(u,v;\rho,k) = \int_{-\infty}^{t_k^{-1}(u)} \int_{-\infty}^{t_k^{-1}(v)} \frac{1}{2\pi\sqrt{1-\rho^2}} \left[1 + \frac{s^2 - 2\rho st + t^2}{k(1-\rho^2)}\right]^{-\frac{k+2}{2}} \mathrm{d}s\mathrm{d}t \tag{2-7}$$

3. 阿基米德 Copula 函数

1986 年，Makcay 和 Genest 给出了阿基米德 Copula 函数的定义，其表达式为

$$C(u_1, u_2, \cdots, u_N) = \begin{cases} \varphi^{-1}(\varphi(u_1), \varphi(u_2), \cdots, \varphi(u_N)), & \sum_{i=1}^{N}\varphi(u_i) < \varphi(0) \\ 0, & \text{其他} \end{cases} \tag{2-8}$$

式中，$\varphi(u)$ 为阿基米德 Copula 函数 $C(u_1, u_2, \cdots, u_N)$ 的生成元；$\varphi^{-1}(u)$ 为 $\varphi(u)$ 的反函数，且在区间 $[0, +\infty)$ 上连续、单调非增。阿基米德 Copula 函数的类型由它的生成元唯一确定。

阿基米德 Copula 函数 $C(u_1, u_2, \cdots, u_N)$ 的生成元 $\varphi(u)$ 满足如下性质：

（1）$\varphi(1) = 0$；

（2）对于任意 $u \in [0,1]$，$\varphi'(u) < 0, \varphi''(u) > 0$，即生成元 $\varphi(u)$ 是一个单调递减的凸函数。

特殊地，当变量为二元时，常见的三种阿基米德 Copula 函数生成元和参数范围如表 2-1 所示。

表 2-1　几类阿基米德 Copula 函数

类型	Copula 分布函数	θ 范围	生成元
Gumbel	$\exp\left\{-\left[(-\ln(u))^{\theta}+(-\ln(v))^{\theta}\right]^{\frac{1}{\theta}}\right\}$	$[1,\infty)$	$(-\ln(w))^{-\theta}$
Clayton	$\max\left((u^{-\theta}+v^{-\theta}-1)^{-\frac{1}{\theta}},0\right)$	$[1,\infty)$ 且 $\theta\neq0$	$\theta^{-1}(w^{-1}-1)$
Frank	$-\theta^{-1}\ln\left(1-\dfrac{(1-\mathrm{e}^{-\theta u})(1-\mathrm{e}^{-\theta v})}{1-\mathrm{e}^{-\theta}}\right)$	$\theta\neq0$	$-\ln\left(\dfrac{\mathrm{e}^{-\theta w}-1}{\mathrm{e}^{-\theta}-1}\right)$

　　虽然 Copula 函数的种类众多，但各函数在描述随机变量的相关特性上各有不同。

　　图 2-1 为各二元 Copula 函数的概率密度函数，可以直观地反映各 Copula 函数的特点。例如，t-Copula 函数、正态 Copula 函数和 Frank Copula 函数图形具有明显的尾部对称性，说明其能够捕捉随机变量间对称的尾部相关性，而 Gumbel Copula 函数和 Clayton Copula 函数明显不具有尾部对称性，其中 Gumbel Copula 函数上尾高，下尾低，呈 J 形分布，也就是说 Gumbel Copula 函数对变量的上尾部分的变化比较敏感，能够捕捉到上尾的相关变化。相反 Clayton Copula 函数为 L 形分布，下尾高，上尾低，即 Clayton Copula 函数更适合描述随机变量间的下尾相关性。

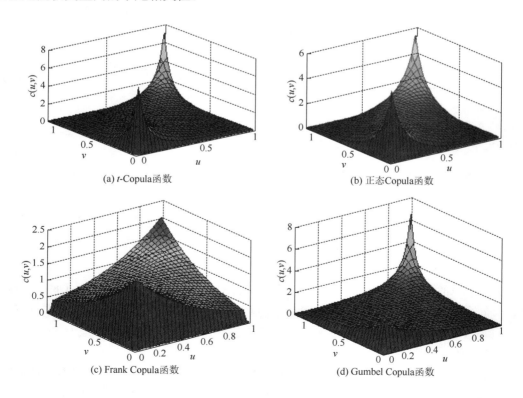

(a) t-Copula函数　　　　　　　　　　(b) 正态Copula函数

(c) Frank Copula函数　　　　　　　　　(d) Gumbel Copula函数

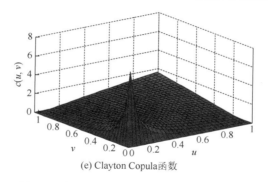

(e) Clayton Copula 函数

图 2-1　各二元 Copula 函数的概率密度函数

2.3　二维相关性模型

2.3.1　Copula 函数参数估计

Copula 函数的参数估计是确定该二维相关性模型的关键，主要分为参数法和非参数法两种，参数法包括极大似然估计法、矩估计法等，非参数法主要包括核密度估计法、非参数局部多项式回归法等。下面首先应用最常用的极大似然估计法实现参数估计，并以二维 Copula 函数为例说明其参数估计过程。

1. 参数估计

假设连续随机变量 x、y 的边缘分布函数分别为 $F(x;\theta_1)$ 和 $G(y;\theta_2)$，边缘密度函数为 $f(x;\theta_1)$ 和 $g(y;\theta_2)$。选取的 Copula 函数为 $C(u,v;\alpha)$，其密度函数为 $c(u,v;\alpha)=\dfrac{\partial^2 C(u,v;\alpha)}{\partial u \partial v}$，其中 θ_1 和 θ_2 为边缘分布参数，α 为 Copula 函数参数。(x,y) 的联合分布函数可表示为

$$H(x,y;\theta_1,\theta_2,\alpha)=C[F(x;\theta_1),G(y;\theta_2);\alpha] \tag{2-9}$$

(x,y) 的联合密度函数为

$$h(x,y;\theta_1,\theta_2,\alpha)=c[F(x;\theta_1),G(y;\theta_2);\alpha]f(x;\theta_1)g(y;\theta_2) \tag{2-10}$$

可得样本 $(x_i,y_i)(i=1,2,\cdots,n)$ 的对数似然函数为

$$\ln L(\theta_1,\theta_2,\alpha)=\sum_{i=1}^{n}\ln c[F(x_i;\theta_1),G(y_i;\theta_2);\alpha]+\sum_{i=1}^{n}\ln f(x_i;\theta_1)+\sum_{i=1}^{n}\ln g(y_i;\theta_2) \tag{2-11}$$

求解对数似然函数的最大值点，即可得到未知参数的最大似然估计值：

$$\hat{\theta}_1,\hat{\theta}_2,\hat{\alpha}=\arg\max \ln L(\theta_1,\theta_2,\alpha) \tag{2-12}$$

从对数似然函数还可以看出边缘密度和 Copula 函数密度的似然函数是独立的。因此，可以将参数估计表示为

$$\begin{cases} \hat{\theta}_1, \hat{\theta}_2 = \arg\max \sum_{i=1}^n \ln f(x_i;\theta_1) + \arg\max \sum_{i=1}^n \ln g(y_i;\theta_2) \\ \hat{\alpha} = \arg\max \sum_{i=1}^n \ln c[F(x_i;\hat{\theta}_1), G(y_i;\hat{\theta}_2);\alpha] \end{cases}$$ （2-13）

由于本章采用核密度函数来代替风电场出力边缘分布函数，故不需要再估计 θ_1 和 θ_2 的值，只需按式（2-14）对 Copula 函数中的参数进行估计：

$$\hat{\alpha} = \arg\max \sum_{i=1}^n \ln c(u_i, v_i; \alpha)$$ （2-14）

2. 非参数估计

非参数核密度函数估计不需要事先假设随机变量服从某种分布，能够根据数据直接构建随机变量的边缘分布函数。在求取风电场出力边缘分布函数时，主要采用非参数核密度估计法。

假设 $X_1, X_2, \cdots, X_n$ 是一元连续函数的样本，定义任意点 x 处的密度函数 $f(x)$ 的核密度估计为

$$\hat{f}_h(x) = \frac{1}{nh} \sum_{i=1}^n K\left(\frac{x-X_i}{h}\right)$$ （2-15）

式中，$K(\cdot)$ 为核函数；h 为窗口宽度。且 $K(\cdot)$ 应为概率密度函数，即满足：

$$K(x) \geqslant 0, \quad \int_{-\infty}^{+\infty} K(x)\mathrm{d}x = 1$$ （2-16）

常见的核函数包括均匀核函数、三角核函数、四次方核函数、高斯核函数等，取不同的核函数对核密度估计影响不大，式（2-17）为高斯核函数：

$$K\left(\frac{x-X_i}{h}\right) = \left(\frac{1}{\sqrt{2\pi}}\right)\exp\left(-\frac{(x-X_i)^2}{2h^2}\right)$$ （2-17）

窗口宽度 h 的取值会影响 $\hat{f}_h(x)$ 的光滑程度。当 h 值较大时，影响 x 处密度函数估计值的点较多，与 x 较近的点和较远的点所对应的核密度估计值相差不大，因此 $\hat{f}_h(x)$ 的曲线会比较光滑，但同时也可能会丢失一些数据信息；相反，当 h 值较小时，影响 x 处密度函数估计值的点较少，与 x 较近和较远的点对应的核密度估计值差距比较大，此时 $\hat{f}_h(x)$ 的曲线虽然粗糙，但能反映出每个数据所包含的信息。

通过经验法则求得当核函数为高斯函数时，最佳窗口宽度为

$$h_{\text{best}} = 1.06\sigma n^{-\frac{1}{5}}$$ （2-18）

式中，σ 为正态分布标准差；n 为样本量。

2.3.2　相关性模型的评估

本节采用欧氏距离法确定描述随机变量相关性的最优 Copula 函数。首先引入经验 Copula 函数的概念：

设 $(x_i, y_j)(i, j = 1, 2, \cdots, n)$ 为取自二维总体 (x, y) 的样本,记 x、y 的经验分布函数分别为 $F_n(x)$ 和 $H_n(y)$,定义样本的经验 Copula 函数如下:

$$C_n(u, v) = \frac{1}{n} \sum_{i=1}^{n} I_{[F_n(x_i) \leqslant u]} \times I_{[H_n(y_i) \leqslant v]} \tag{2-19}$$

式中,$u, v \in [0, 1]$;I 为示性函数;当 $F_n(x_i) \leqslant u$ 时,$I_{[F_n(x_i) \leqslant u]} = 1$,否则 $I_{[F_n(x_i) \leqslant u]} = 0$。

可以利用极大似然估计法求得各理论 Copula 函数中的未知参数,根据式(2-20)比较理论 Copula 函数与经验 Copula 函数之间的欧氏距离平方。

$$d_p^2 = \sum_{i=1}^{n} \left| C_n(u_i, v_i) - C_p(u_i, v_i) \right|^2 \tag{2-20}$$

式中,p 代表理论 Copula 函数类型,d_p^2 为理论 Copula 函数与经验 Copula 函数之间欧氏距离的平方,选择 d_p^2 最小值所对应的 Copula 函数作为最优 Copula 函数。

2.4　高维相关性模型

Copula 函数实际上是将各变量的边缘分布及其联合分布连接起来的关联函数。Bouye 等将 Copula 理论从原有的二维情景推广到高维条件分布,极大地提高了模型的计算精度,也使得多维联合分布更贴近于实际。近年来,Aas 等不断对高维 Copula 模型及其参数估计方法进行研究,其中藤结构 Copula(vine Copula)模型为最具代表性的成果之一。该模型基于 Pair Copula 结构,构建了高维组合下相关随机变量的联合分布函数。Pair Copula 结构是一种以二元 Copula 理论为基础,采用逐层合并的方式来构造多元 Copula 函数的联合分布函数。

2.4.1　Pair Copula 的模型结构

任一边缘分布分别为 $F_1(x_1), F_2(x_2), \cdots, F_n(x_n)$ 的多维联合分布函数,都至少存在一个 Copula 函数 C,使多维联合分布函数可用边缘分布函数 $F_1(x_1), F_2(x_2), \cdots, F_n(x_n)$ 表示为 $F(x_1, x_2, \cdots, x_n) = C(F_1(x_1), F_2(x_2), \cdots, F_n(x_n))$。特殊地,当边缘分布函数都是连续函数时,Copula 函数 C 仅有唯一的表示方法。

结合概率论的相关内容,易得多维联合密度函数 $f(x_1, x_2, \cdots, x_n)$ 为

$$f(x_1, x_2, \cdots, x_n) = c(F_1(x_1), F_2(x_2), \cdots, F_n(x_n)) f_1(x_1) f_2(x_2) \cdots f_n(x_n) \tag{2-21}$$

式中,$c(F_1(x_1), F_2(x_2), \cdots, F_n(x_n))$ 为 Copula 联合密度函数;$f_i(x_i)$ 为随机变量 X_i 的概率密度函数。

多维条件密度函数 $f(x \mid v)$ 可以表示为

$$f(x \mid v) = c_{xv_j \mid v_{-j}}(F_1(x \mid v_{-j}), F_n(v_j \mid v_{-j})) f(x \mid v_{-j}) \tag{2-22}$$

式中,v_j 是 n 维向量 v 中的某变量,与此相对,v_{-j} 是 n 维向量 v 中除 v_j 外的其余所有变量。

Pair Copula 的建模采取两两组合、层层递进的方式,最终得到条件分布函数(或条件

密度函数）。对于多元随机变量的情况，Pair Copula 中每一层元素两两组合的情况错综复杂。为了简化计算，在符合逻辑结构的条件下，相关学者提出了一种称为规则藤（regular vine）的图形建模方法。此方法简便且能包含大多数 Pair Copula 模型的组合结构。当 v 满足如下条件时，在 n 维变量之上的藤定义为 $v = (T_1, T_2, \cdots, T_m)$。

T_1 为藤 v 上的一棵树（tree），$N_1 = \{1, 2, \cdots, n\}$ 为 T_1 上的节点（node），两节点间的连线称为边缘，将 T_1 上所有的边缘（edge）记为 E_1。

$T_i (i = 2, 3, \cdots, m)$ 表示藤 v 上除 T_1 外的第 i 棵树，T_i 上所有的边缘记为 E_i，则 T_i 上的节点 N_i 满足条件 $N_i \subset N_1 \bigcup E_1 \bigcup E_2 \bigcup \cdots \bigcup E_{i-1}$。

藤是由很多树组成的，每棵树上又包含许多节点，连接两节点的线为边缘。树、节点、边缘构成集合，藤就是通过此集合不同的组合方式形成的。其中，规则藤的性质最好，运用也最为广泛。规则藤的定义为：如果某个建立在 n 维变量上的藤的第 j 棵树上的两条边缘由第 $j+1$ 棵树上的一条边缘连接，且这些边缘分享同一个节点 $i (i = 1, 2, \cdots, n-2)$，则称这个藤为规则藤。

目前，运用最广泛的规则藤结构包括 D 藤（D-vine）结构和 C 藤（C-vine）结构两种，下面就这两种常见的藤结构结合 Pair Copula 进行介绍。

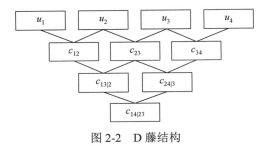

图 2-2　D 藤结构

1. D 藤结构

D 藤结构中，每个节点与其他节点的数量不超过两个。以四个随机变量为例，Pair Copula 理论的 D 藤结构如图 2-2 所示。

2. C 藤结构

若规则藤中第 i 棵树有唯一的节点连接其他 $n-i$ 个节点，则第一棵树的节点称为根节点。Pair Copula 理论的 C 藤结构如图 2-3 所示。

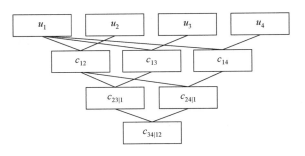

图 2-3　C 藤结构

C 藤结构的构造过程如下：

（1）确定 n 个随机变量序列的排列顺序，记为 $\{u_1, u_2, \cdots, u_n\}$；

（2）使用 $n-1$ 个二元 Copula 函数降排序后的随机变量中，其他随机变量与第一个随机变量结合，建立第一层 Pair Copula 序列 $\{c_{12}, c_{13}, \cdots, c_{1n}\}$；

（3）将（2）所得 $n-1$ 个 Copula 分布序列重复上述步骤，得到第二层条件 Pair Copula 序列 $\{c_{23|1}, c_{24|1}, \cdots, c_{2n|1}\}$；

（4）重复上述步骤，直到合并到仅剩 1 个二元条件的 Copula 分布。

通过上述过程，可得到基于 Pair Copula 理论 C 藤结构的 n 元随机变量的联合密度函数：

$$f(x_1, x_2, \cdots, x_n) = \prod_{k=1}^{n} f_k \prod_{j=1}^{n-1} \prod_{i=1}^{n-j} c_{(i,i+j)|(i+1,i+2,\cdots,i+j-1)} \tag{2-23}$$

为了进一步说明式（2-23）的计算过程，以三维随机变量向量组 $X = (x_1, x_2, \cdots, x_n)$ 为例，因为

$$f(x_1, x_2) = c_{12}(F_1(x_1), F_2(x_2)) f_1(x_1) f_2(x_2)$$
$$f(x_1 \mid x_2) = f(x_1, x_2)/f_1(x_1)$$

所以

$$f(x_1 \mid x_2) = c_{12}(F_1(x_1), F_2(x_2)) f_2(x_2)$$

式中，$c_{12}(F_1(x_1), F_2(x_2))$ 为随机变量 x_1、x_2 的 Copula 密度函数。

同理，$f(x_1, x_2, x_3) = f(x_1) f(x_2 \mid x_1) f(x_3 \mid x_1, x_2)$ 也可以写成 $f(x_3 \mid x_1, x_2) = c_{23|1}(F_{2|1}(x_2 \mid x_1),$ $F_{3|1}(x_3 \mid x_1)) f(x_3 \mid x_1)$；继续将式子中的 $f(x_3 \mid x_1)$ 拆解可得

$$f(x_3 \mid x_1, x_2) = c_{23|1}(F_{2|1}(x_2 \mid x_1), F_{3|1}(x_3 \mid x_1)) c_{13}(F_1(x_1), F_3(x_3)) f_3(x_3) \tag{2-24}$$

由此可得到，三维联合密度函数 $f(x_1, x_2, x_3)$ 可分解为两对二元 Copula 密度函数与对应随机变量边缘密度函数的乘积。这种方法同样可推广到 n 维联合密度函数的情况。

2.4.2　Pair Copula 的建模流程

一般情况下，可将 Copula 的建模过程分为两个阶段：①确定各个变量的边缘分布；②确定连接这些边缘分布的 Copula 函数。这样就可将直接求联合分布函数分解成简单的子过程，一是单变量时间序列建模，二是随机变量相关性分析。Pair Copula 模型广泛应用于描述多元随机变量的相关性结构上，多年的理论与实践均证明 Pair Copula 模型拟合度往往远优于普通多元 Copula 模型。

1. 数据预处理

用统计产品与服务解决方案（statical product and service solutions，SPSS）软件对数据做描述性统计，剔除异常值，修补缺失值。

2. 变量序列的排序

构造 Pair Copula 模型首先要确定适当的变量序列，依次构造二元 Pair Copula 分布。通常的做法是，比较随机变量样本序列的相关系数，选择与其他序列相关性大的序列作为共同节点，从而构造出合适的 Pair Copula 结构。因此，模型中将 n 组风电场的出力记为随机变量，根据 n 组风电场出力实测样本数据，计算出这 n 组随机变量的相关系数矩阵，

以得出随机变量两两间的相关系数。从中选出与其他随机变量相关系数之和最大的变量作为关键变量,其他变量以相关系数之和的顺序从大到小排列,以此确定 n 个随机变量序列 $\{x_1, x_2, \cdots, x_n\}$ 的排列顺序,记为 $\{u_1, u_2, \cdots, u_n\}$。

3. 确定边缘分布函数

确定随机变量分布的方法主要有两种,一种是参数法,另一种是非参数法。参数法就是假定随机变量服从某一分布,然后根据样本估计分布中的位置参数;与此相对,非参数法适用于随机变量服从的分布未知的情况,可以采用基于经验分布的方法,将样本的经验分布函数作为总随机变量分布的近似,或采用核密度估计方法,根据样本观测数据确定随机变量总体的分布。

4. Pair Copula 模型内部 Copula 类型的选取

为了判别不同 Copula 函数对于描述风电场相关特性的优劣,引入二元 Copula 函数的评价方法,通过 Pair Copula 结构中选定的 Copula 函数 $\hat{C}_i(u,v), (i=1,2,\cdots)$ 计算(条件)分布函数值,根据极大似然估计欧氏距离的平方 d^2 来判定各 Copula 函数拟合精度的大小,并从中选出欧氏距离的平方 d^2 最小的 Copula 函数作为 Pair Copula 结构的子 Copula 模型,搭建 Pair Copula 结构。

5. 参数估计

常见的参数估计方法有最大似然估计法、分布估计法和半参数估计法。对于求解 Pair Copula 结构中常见子 Copula 函数中的未知参量,可调用 MATLAB 统计工具箱中的 copulafit 函数,根据样本观测数据的边缘分布函数 $u_1, u_2, \cdots$(第一层)及样本所对应的条件分布函数值 $C_{23|1}, C_{24|1}, \cdots$(第二层及以上),估计子 Copula 函数中的未知参数。

6. 密度函数的求解方法

通过上述步骤,即可求出 Pair Copula 结构中每一个 Copula 子函数的未知参数,将其代入 C 藤 Pair Copula 模型 n 元随机变量的联合密度函数:

$$f(x_1, x_2, \cdots, x_n) = \prod_{k=1}^{n} f_k \prod_{j=1}^{n-1} \prod_{i=1}^{n-j} c_{(i,i+j)|(i+1,i+2,\cdots,i+j-1)} \tag{2-25}$$

即可得出 n 维风电场出力的联合密度函数。

2.5 风电场相关性模型的优化研究

近年来关于风电场相关性的研究很多,但是大多数研究都是针对如何构建多风电场的相关性模型,并指出 Pair Copula 模型已经能较好地描述多风电场的相关性,但该模型仍然存在以下两个问题值得深入研究:①随着风电场并网数量的增加,同一区域内的风电场数量也逐渐增加,意味着模型的维度也在增加,值得深思的是模型维度的增加,模型的精度是否会受到影响，尚未可知；②在进行 Pair Copula 建模时，采用主变量与次变量两两组合的方式，会涉及多个二元 Copula 函数的参数估计。采用极大似然估计法对藤上的每个二元 Copula 函数的参数进行逐个估计，虽然能得到满足各二元 Copula 函数参数的个体最优解，但是 Pair Copula 模型实质是多个 Copula 函数按照一定的逻辑结构联合构建的，因此各 Copula 函数的个体最优解并不一定能使得该模型得到全局最优解。

因此，针对以上两个问题，本节对模型进行优化研究，提出一种基于 Pair Copula 模型参数优化的多风电场出力相关性优化建模方法。首先，建立不同维度的相关性模型，分析模型维度对模型精度的影响；然后，在此基础上，考虑到粒子群优化（particle swarm optimization，PSO）算法和差分进化（differential evolution，DE）算法都是求解全局优化问题中比较典型的方法，因此利用智能优化算法（粒子群优化算法和差分进化算法）对不同维度模型的参数进行优化；最后进行对比分析。结果表明所提出的优化建模方法相比于传统的建模方法，大大提高了模型精度，从而验证了所提方法的有效性和优越性。

2.5.1　基于粒子群优化算法的模型优化

1. 粒子群优化算法的基本原理

粒子群优化算法是 Kennedy 和 Eberhart 受人工生命研究结果的启发，通过模拟鸟群觅食过程中的迁徙和群聚行为提出的一种基于群体智能的全局随机搜索算法，1995 年 IEEE 国际神经网络学术会议发表了题为"Particle swarm optimization"的论文，标志着粒子群优化算法的诞生。粒子群优化算法与其他进化算法一样，也是基于"种群"和"进化"的概念，通过个体间的协作与竞争，实现复杂空间最优解的搜索；同时，粒子群优化算法又不像其他进化算法那样对个体进行交叉、变异、选择等进化算子操作，而是将群体（swarm）中的个体看作在 D 维搜索空间中没有质量和体积的粒子（particle），每个粒子以一定的速度在解空间运动，并向自身历史最佳位置 pbest 和邻域历史最佳位置 lbest 聚集，实现对候选解的进化。粒子群优化算法具有很好的生物社会背景、易理解、参数少、易实现，对非线性、多峰问题均具有较强的全局搜索能力，在科学研究与工程实践中得到了广泛关注。

假设在一个 D 维解空间中，粒子数为 N，第 i 个粒子的位置为 $x_i = (x_{i1}, x_{i2}, \cdots, x_{iD})$，第 i 个粒子的速度为 $v_i = (v_{i1}, v_{i2}, \cdots, v_{iD})$，将每个粒子代入目标函数 $F(x)$ 中求得相应的适应度值 $F(x_i)$，用来评价粒子的优劣。每个粒子在迭代过程中适应度值最优的位置称为该粒子的个体最优解，记为 $\text{pbest}_i = (p_{i1}, p_{i2}, \cdots, p_{iD})$，种群的全局最优解为 $\text{gbest}_i = (g_{i1}, g_{i2}, \cdots, g_{iD})$。第 k 次迭代时，粒子的个体最优解、全局最优解的更新公式如下：

$$\text{pbest}_i^k = \begin{cases} x_i^k, & F(x_i^k) < F(\text{pbest}_i^{k-1}) \\ \text{pbest}_i^{k-1}, & F(x_i^k) \geqslant F(\text{pbest}_i^{k-1}) \end{cases} \tag{2-26}$$

$$\text{gbest}_i^k = \arg\min F(\text{pbest}_i^k) \tag{2-27}$$

式中，arg 表示函数对应的自变量的值。

然后，根据个体最优解和全局最优解来更新粒子的速度和位置：

$$v_{id}^k = v_{id}^{k-1} + c_1 r_1 (\text{pbest}_{id}^{k-1} - x_{id}^{k-1}) + c_2 r_2 (\text{gbest}_{id}^{k-1} - x_{id}^{k-1}) \tag{2-28}$$

$$x_{id}^k = x_{id}^{k-1} + v_{id}^{k-1} \tag{2-29}$$

$$v_{id}^k = \begin{cases} v_{\max}, & v_{id}^k > v_{\max} \\ -v_{\max}, & {}_{id}^k < -v_{\max} \end{cases} \tag{2-30}$$

式中，$d = 1, 2, \cdots, D$；$i = 1, 2, \cdots, n$；k 为当前迭代次数；c_1 为自身认知常数；c_2 为粒子对群体知识系数；r_1 和 r_2 为[0, 1]区间内的随机数；$v_{\max}$ 为粒子飞行的最大速度。式（2-28）右边由三部分组成，第一部分为惯性（inertia）或动量（momentum），反映了粒子的运动习惯（habit），代表粒子有维持自己先前速度的趋势；第二部分为认知（cognition），反映了粒子对自身历史经验的记忆（memory）或回忆（remembrance），代表粒子有向自身历史最佳位置逼近的趋势；第三部分为社会（social），反映了粒子间协同合作与知识共享的群体历史经验，代表粒子有向群体或邻域历史最佳位置逼近的趋势。粒子更新示意图如图 2-4 所示。

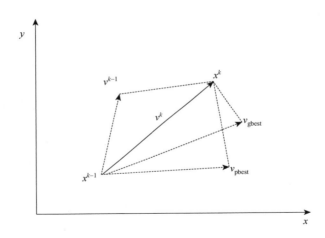

图 2-4　粒子更新示意图

为了提高传统粒子群优化算法的收敛性能，更好地在解空间进行寻优，Eberhart 在将惯性权重概念引入基本粒子群优化算法中，对速度和位置公式进行修改：

$$v_{id}^k = w v_{id}^{k-1} + c_1 r_1 (\text{pbest}_{id}^{k-1} - x_{id}^{k-1}) + c_2 r_2 (\text{gbest}_{id}^{k-1} - x_{id}^{k-1}) \tag{2-31}$$

$$x_{id}^k = x_{id}^{k-1} + v_{id}^{k-1} \tag{2-32}$$

式中，w 为惯性权重，用来平衡粒子群优化算法的全局搜索能力和局部寻优能力，其值越大说明全局搜索能力越强，其值越小则局部搜索能力越强。在设置惯性权重时，考虑迭代初期各粒子应该具有较强的全局探索能力，而迭代后期应该注重局部搜索能力。因此，本章采用线性递减权重原则动态调整惯性权重值：

$$w = w_{\max} - \frac{w_{\max} - w_{\min}}{k_{\max}} k \tag{2-33}$$

式中，$w_{\max}$ 表示惯性权重的最大值，$w_{\min}$ 表示惯性权重的最小值，其值分别取 0.95 和 0.4；$k_{\max}$ 为最大迭代次数。

2. 基于粒子群优化算法的模型优化步骤

基于粒子群优化算法的模型优化实质上就是通过对模型参数的优化，使优化后模型的欧氏距离较未优化前有所改善，以此达到提高模型精度的目的。因此，在进行模型参数优化前，需要统计待优化的 Copula 函数参数 $\theta_1, \theta_2, \cdots, \theta_n$，建立以 $\theta_1, \theta_2, \cdots, \theta_n$ 为自变量、模型的欧氏距离为因变量的粒子群优化算法的目标函数，如式（2-34）所示，然后求解最小优化问题。

$$F(\theta_1, \theta_2, \cdots, \theta_n) = d(\theta_1, \theta_2, \cdots, \theta_n) \tag{2-34}$$

基于粒子群优化算法的优化建模流程如图 2-5 所示。

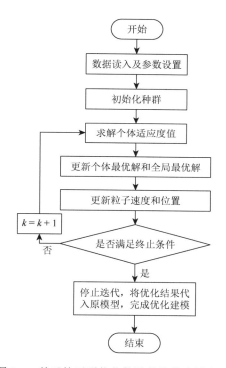

图 2-5　基于粒子群优化算法的优化建模流程

具体步骤如下。

1）数据读入及参数设置

读入各风电场的历史出力数据，根据待优化的 Copula 参数个数及各参数的取值范围，确定粒子群优化算法种群规模、解空间的维度、粒子维数等。

2）初始化种群

在控制变量的范围内随机生成初始粒子位置 x_{id}^0，初始化粒子的每维速度 v_{id}^0。

$$x_{id}^0 = \mathrm{rand}(x_{id}^{\max} - x_{id}^{\min}) + x_{id}^{\min} \tag{2-35}$$

$$v_{id}^0 = v_{\max}(2\mathrm{rand} - 1) \tag{2-36}$$

3）求解个体适应度值

根据目标函数 $F(\theta_1,\theta_2,\cdots,\theta_n)$ 求得各粒子适应度值。在第一次求解个体适应度值时，将各粒子位置记为初始个体最优解 pbest_i^0，其中适应度值最小的记为初始全局最优解 gbest_i^0。

4）更新个体最优解和全局最优解

根据个体最优解和全局最优解更新式（2-26）、式（2-27），更新粒子的个体最优解和全局最优解。

5）更新粒子速度和位置

根据粒子的速度和位置更新式（2-31）、式（2-32），更新每个粒子的速度和位置。

6）迭代计算

重复步骤 3）～5），判断是否结束寻优。对于迭代的停止条件（是否寻得最优位置或者已经达到了种群的最大迭代次数）进行判断，如果满足迭代停止条件，则停止并且输出最优值 gbest（即 Copula 参数的最终优化结果）；如果不满足，则继续迭代，直至满足粒子的运行停止条件。

7）模型求解

将优化后的参数代入原模型进行求解，即完成 Pair Copula 的优化建模。

2.5.2　基于差分进化算法的模型优化

1. 差分进化算法的基本原理

与庞大的进化计算家族中的其他成员一样，差分进化算法也是一种基于种群的全局随机搜索算法[4-6]，它是在 1995 年由 Rainer Storn 和 Kenneth Price 为求解切比雪夫多项式提出的。差分进化算法同样采用选择、交叉和变异操作，概念简单易理解，算法结构紧凑、参数少、容易实现和运用，同时具有良好的鲁棒性和收敛性，成为一种有效的实参数全局优化技术[6]。

假设 D 为个体的维数，N 为种群的规模，第 i 个个体 $(i=1,2,\cdots,N)$ 第 k 次迭代后的进化群体，即目标矢量为 $X_i^k=(x_{i1}^k,x_{i2}^k,\cdots,x_{iD}^k)$；$V_i^k=(v_{i1}^k,v_{i2}^k,\cdots,v_{iD}^k)$ 为变异矢量；$U_i^k=(u_{i1}^k,u_{i2}^k,\cdots,u_{iD}^k)$ 为试验矢量；X_i^{k+1} 为下一代群体。其中，变异、交叉、选择操作的具体过程如下。

1）变异操作

在进行变异操作时，传统的遗传算法采用的是一种固定的扰动形式，即在个体参数的基础上加上一个随机数，有别于传统的遗传算法，差分进化算法则是靠种群自身产生一个具有大小和方向的变异增量。该增量的构造形式是在种群中随机选取两个个体向量，形成一个差分向量，再乘以一个变异因子得到变异增量。变异操作的基本原理是将该变异增量加到一个基向量上。根据差分向量的计算方式和个数，以及基向量的选取方式，常见的变异方式有以下 5 种。

DE/rand/1：

$$V_i^k = X_{r_1}^k + F(X_{r_2}^k - X_{r_3}^k) \tag{2-37}$$

DE/best/1：

$$V_i^k = X_{\text{best}}^k + F(X_{r_1}^k - X_{r_2}^k) \tag{2-38}$$

DE/current to best/1：

$$V_i^k = X_i^k + F(X_{\text{best}}^k - X_i^k) + F(X_{r_1}^k - X_{r_2}^k) \tag{2-39}$$

DE/best/2：

$$V_i^k = X_{\text{best}}^k + F(X_{r_1}^k - X_{r_2}^k) + F(X_{r_3}^k - X_{r_4}^k) \tag{2-40}$$

DE/rand/2：

$$V_i^k = X_{r_1}^k + F(X_{r_2}^k - X_{r_3}^k) + F(X_{r_4}^k - X_{r_5}^k) \tag{2-41}$$

式中，r_1、r_2、r_3、r_4、r_5为$[1, N]$区间内不等于i的且互不相等的均匀随机整数；差分矢量的尺度因子$F \in [0,2]$；X_{best}^k为第k代种群中的最佳适应度个体。

"DE/best/1"、"DE/best/2"和"DE/current to best/1"的收敛速度较快，能够很好地解决单峰问题，而对于多峰问题则往往容易陷入局部极值而出现早熟现象；"DE/rand/1"的收敛速度相对较慢，但其全局探索能力较强，适合于解决多峰问题；相对于一个差分矢量，两个差分矢量的变异策略往往能增加个体扰动强度，因而具有更好的全局探索能力。

2）交叉操作

进行交叉操作是为了提高后代群体的相异度，使扰动向量在参数空间具有更广泛的代表性。交叉操作的基本思想就是目标矢量和变异矢量相互交换一些元素，这样能增加种群的多样性。本章选用常见的二项式交叉法，其操作简单，具体实现方式为

$$u_{ij}^k = \begin{cases} v_{ij}^k, & \text{rand}[0,1] \leqslant R \text{ 或 } j = j_{\text{rand}} \\ u_{ij}^k, & \text{其他} \end{cases} \tag{2-42}$$

式中，交叉概率常数$R \in [0,1)$，R控制着种群的多样性；j_{rand}为$[1, N]$内的随机整数，保证试验矢量不同于其对应的目标矢量。

3）选择操作

通过变异操作和交叉操作后，使用"贪婪"选择模式，对试验矢量U_i^k和目标矢量X_i^k的目标函数值$f(\cdot)$进行比较，对于最小优化问题，则选择目标函数值较小的个体保留到下一代群体中，选择操作的过程如下：

$$X_i^{k+1} = \begin{cases} U_i^k, & f(U_i^k) < f(X_i^k) \\ X_i^k, & \text{其他} \end{cases} \tag{2-43}$$

4）约束处理

差分进化算法在进行变异、交叉操作时，并没有考虑个体的取值范围是否在规定的范围内，所以在优化流程中需要对试验种群进行约束处理，尽量使个体在可行域内搜索，以提高全局寻优能力。

2. 基于差分进化算法的模型参数优化步骤

基于差分进化算法的模型优化原理与采用粒子群优化算法进行模型优化的原理类似，

都是通过对模型参数的优化，改善模型的欧氏距离，以此提高模型的精度。因此，在进行模型的参数优化前，仍然需要统计待优化的 Copula 函数参数 $\theta_1, \theta_2, \cdots, \theta_n$，建立以 $\theta_1, \theta_2, \cdots, \theta_n$ 为自变量、模型的欧氏距离为因变量的差分进化算法的目标函数[式（2-44）]，然后求解最小优化问题。

$$F(\theta_1, \theta_2, \cdots, \theta_n) = d(\theta_1, \theta_2, \cdots, \theta_n) \tag{2-44}$$

基于差分进化算法的优化建模流程如图 2-6 所示。

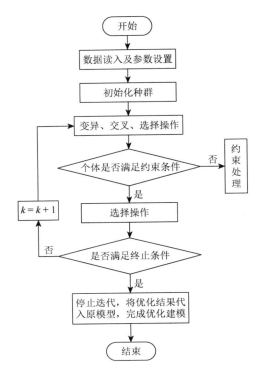

图 2-6　基于差分进化算法的优化建模流程图

具体步骤如下：

1）数据读入及参数设置

读入各风电场的历史出力数据；根据待优化的 Copula 参数个数，设置种群规模、解空间的维度、个体维数；确定尺度因子 F、交叉概率常数 R 的取值等。

2）初始化种群

在控制变量的范围内随机生成初始种群，得到第一次迭代的目标矢量 X_{id}^0：

$$X_{id}^0 = \text{rand} \times (X_{id}^{\max} - X_{id}^{\min}) + X_{id}^{\min} \tag{2-45}$$

3）变异、交叉、选择操作

根据实际解决问题，选择适当的变异策略，得到变异矢量后，根据式（2-42）进行交叉操作，将得到的试验矢量进行约束处理，保证每个试验个体均在可行域内，再根据式（2-43）进行选择操作，得到下一代群体。

4）迭代计算

重复步骤 3），判断是否结束寻优，对于迭代的停止条件（是否寻得最优解或者已经达到了种群的最大迭代次数）进行判断，若满足迭代停止条件，则停止并且输出最优解（即 Copula 参数的最终优化结果），若不满足，则继续迭代，直至满足粒子的运行停止条件。

5）模型求解

将得到的解，即优化后的 Copula 参数代入原模型进行求解，即完成 Pair Copula 的优化建模。

2.5.3　算例分析

前文对 C 藤 Pair Copula 模型的构建以及模型验证的结果表明，C 藤 Pair Copula 模型能较好地描述多个风电场的空间相关性，但是随着模型维度的增加，模型的精度是否会受到影响尚未可知。根据该模型的建模过程可知，随着模型维度的增加，模型越来越复杂，计算量越来越大，可能会存在误差累加的情况。因此，在已构建的七维 C 藤 Pair Copula 模型的基础上，构造其他维度的 C 藤 Pair Copula 模型，分析模型维度对模型精度的影响。

由于 Pair Copula 模型是拟合多维变量相关性的模型，该模型的拟合效果与变量自身之间的相关性有极大的联系。考虑到 Pair Copula 模型对模型变量的敏感性，为了克服模型变量自身相关性对模型精度的影响，在分析模型维度对模型精度的影响时，需要注意模型变量的选取。

因此，在进行不同维度模型的精度比较时，模型变量的选择按以下原则：首先确定各维模型中最低维模型的变量；然后，模型维度每增加一维，模型变量在原有的基础上增加一组，以此类推，保证低维模型的变量包含于高维模型的变量中，即保持各维模型之间变量的相似性。

按照此变量的选取原则，按照 2.4.2 节 Pair Copula 模型的建模步骤分别构造了三维、四维、五维、七维 C 藤 Pair Copula 模型，计算各维度模型的欧氏距离，然后对计算结果进行对比分析，如表 2-2 所示。需要特别说明的是，表中五维模型变量的选取在四维模型变量 $u_1 \sim u_4$ 的基础上增加了一维变量 u_6，该增加的变量可以是 u_5 或 u_7，不影响模型之间的对比分析结果，只要更高维模型的变量包含低维模型的变量即可，这里选取变量 u_6 是因为七维模型的建模过程中包含了五维模型 $u_1 \sim u_4$ 以及 u_6 的求解，无须重新构造五维模型，以减小计算量。

由表 2-2 可知，随着模型维度的增加，模型的欧氏距离越来越大（精度越来越低），说明 C 藤 Pair Copula 模型的精度与模型维度呈负相关关系。但是该结论仅适用于模型描述对象相似的情况，若各维模型描述的对象差异很大，则各模型之间不具备可比性，该结论也可能不适用。根据上述分析结果，在各维度模型具有可比性的前提下，高维模型的精度确实较低，因此有必要对模型进行优化，提高模型精度。

表 2-2　不同维度模型的欧氏距离

模型维度	三维	四维	五维	七维
描述对象	$u_1 \sim u_3$	$u_1 \sim u_4$	$u_1 \sim u_4, u_6$	$u_1 \sim u_7$
欧氏距离	1.0924	1.6038	2.8157	3.4033

针对该高维模型精度较低的问题，本节提出了 Pair Copula 模型的参数优化方法，通过优化全局参数来提高模型的精度。进行参数优化前，需要对各维模型待优化的参数进行统计，如表 2-3 所示。

表 2-3　不同维度模型的 Coupla 参数统计

模型维度	描述对象	待优化参数
三维	u_1, u_2, u_3	$\theta_1, \theta_2, \theta_7$
四维	u_1, u_2, u_3, u_4	$\theta_1, \theta_2, \theta_3, \theta_7, \theta_8, \theta_{12}, \theta_{13}$
五维	u_1, u_2, u_3, u_4, u_6	$\theta_1 \sim \theta_3, \theta_5, \theta_7, \theta_8, \theta_{10}, \theta_{12}, \theta_{13}, \theta_{16}, \theta_{19}$
七维	$u_1 \sim u_7$	$\theta_1 \sim \theta_{24}$

由表 2-3 可知，三维、四维、五维、七维模型待优化的参数个数分别为 3、7、11、24。进而，根据参数个数确定粒子求解空间，以模型的欧氏距离为目标函数，求解最小优化问题，两种算法优化过程的适应度曲线如图 2-7 所示。

图 2-7（a）为三维模型优化过程中两种算法的适应度曲线，从图中可以看出，两种算法的结果很接近，几乎没有差别；从收敛速度来看，粒子群优化算法迭代接近 30 次收敛，而差分进化算法迭代次数接近 40 次才收敛。图 2-7（b）为四维模型优化结果，图中可以明显看出差分进化算法的适应度值更小，说明该算法的优化效果更好，收敛速度上明显还是粒子群优化算法更快。对于五维模型的优化结果，从图 2-7（c）中可以看出，差分进化算法的优化结果优于粒子群优化算法，但粒子群优化算法收敛更快。对比分析图 2-7（d）中七维模型的迭代收敛曲线，类似地，差分进化算法的优化效果更好，但收敛速度比粒子群优化算法的收敛速度慢。

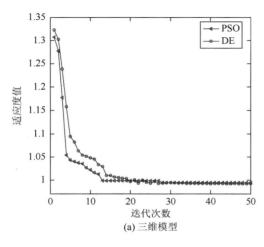

(a) 三维模型

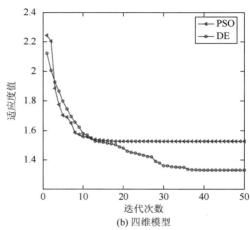

(b) 四维模型

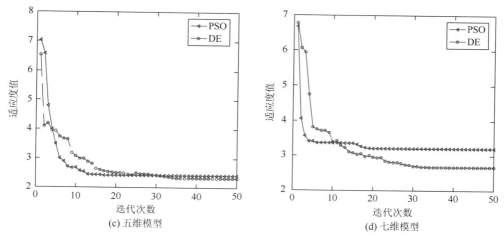

(c) 五维模型　　　　　　　　　　　　(d) 七维模型

图 2-7　模型优化结果的适应度曲线

　　将两种算法优化后的结果进行归纳统计，如表 2-4 所示，结合图 2-7 可知，在求解维度、粒子种群规模、迭代次数相同的情况下，采用差分进化算法和粒子群优化算法对不同维度的模型进行参数优化与极大似然估计（MLE）方法的建模结果进行对比，结果表明：粒子群优化算法和差分进化算法均能有效地减小模型的欧氏距离，其中差分进化算法的优化效果更好，对于四维及以上的高维模型，优化后模型的精度最大能提高 20% 左右，改善效果明显。但就收敛速度而言，粒子群优化算法的迭代收敛速度更快。

表 2-4　模型优化结果

模型维度	MLE	DE		PSO	
	欧氏距离	欧氏距离	减小比例	欧氏距离	减小比例
三维	1.0924	0.9921	9.2%	0.9945	9.0%
四维	1.6038	1.3311	17.7%	1.5261	4.8%
五维	2.8157	2.3201	17.6%	2.4018	14.7%
七维	3.4033	2.6721	21.5%	3.2052	5.8%

　　为了更直观地反映两种算法优化后的拟合效果，绘制了差分进化算法优化后的 Pair Copula 函数与经验 Copula 函数的分位数-分点数图（QQ 图），粒子群优化算法优化后的 Pair Copula 函数与经验 Copula 函数的 QQ 图，以及优化前的 Pair Copula 函数与经验 Copula 函数的 QQ 图进行对比分析，如图 2-8 所示。

　　首先观察图 2-8 中各维模型的拟合效果，从 4 幅子图中散点与直线的逼近效果来看，三维、四维模型的多组散点与直线重合在一起，拟合效果最好，其次是五维模型，而七维模型散点的尾部部分与直线略有偏差，说明七维模型存在局部拟合效果不佳的情况。

　　然后观察各个子图可以发现，由于三维和四维模型本身的拟合精度较高，所以优化效果不明显，很难分辨出优化结果的差异。但是从五维模型的局部放大图可以发现，绿色的散点与直线几乎重合，说明差分进化算法优化后的模型拟合效果最好，而粒子群优化算法与极大似然估计法的模型拟合效果接近。

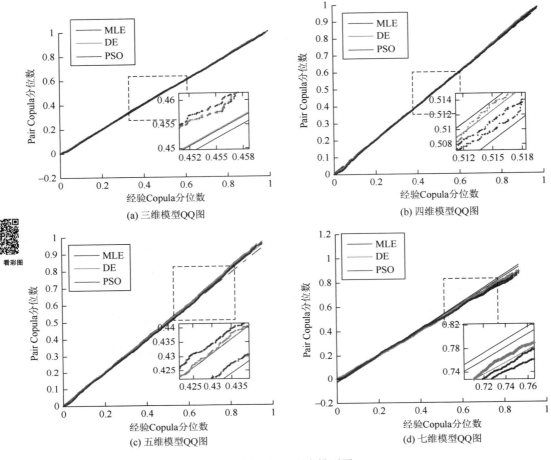

图 2-8　不同维度模型图

从七维模型的 QQ 图中可以看出，代表极大似然估计的散点与直线分布在最外侧，其次是代表粒子群优化的散点，而代表差分进化的散点与直线很接近，说明差分进化算法的优化效果最好，其次是粒子群优化算法，而未经优化的传统模型拟合效果最差。

因此，借助各维模型 QQ 图的辅助分析，进一步验证了两种优化算法均能有效改善模型精度，差分进化算法的优化效果更佳，如果考虑到算法的收敛速度，粒子群优化算法更快。

参 考 文 献

[1] 谢敏，熊靖，刘明波，等. 基于 Copula 的多风电场出力相关性建模及其在电网经济调度中的应用[J]. 电网技术，2016，40（4）：1100-1106.

[2] 白鸿斌，王瑞红. 风电场并网对电网电能质量的影响分析[J]. 电力系统及其自动化学报，2012，24（1）：120-124.

[3] 石东源，蔡德福，陈金富，等. 计及输入变量相关性的半不变量法概率潮流计算[J]. 中国电机工程学报，2012，32（28）：104-113.

[4] Morales J M，Baringo L，Conejo A J，et al. Probabilistic power flow with correlated wind sources[J]. IET Generation，Transmission & Distribution，2010，4（5）：641.

[5]　蔡德福，陈金富，石东源，等. 风速相关性对配电网运行特性的影响[J]. 电网技术，2013，37（1）：150-155.

[6]　陈雁，文劲宇，程时杰. 考虑输入变量相关性的概率潮流计算方法[J]. 中国电机工程学报，2011，31（22）：80-87.

[7]　刘燕华，田茹，张东英，等. 风电出力平滑效应的分析与应用[J]. 电网技术，2013，37（4）：987-991.

[8]　秦志龙. 计及相关性的含风电场和光伏电站电力系统可靠性评估[D]. 重庆：重庆大学，2013.

[9]　徐玉琴，张林浩. 考虑风速相关性的风电接入能力分析[J]. 可再生能源，2014，32（2）：201-206.

[10]　Daniel F A，Stephane K，Gaetan L，et al. Operational constraints and economic benefits of wind-hydro hybrid systems analysis of systems in the US/Canada and Russia[C]. Energy Conference，Madrid，2003，6：16-19.

[11]　蔡德福，石东源，陈金富. 基于 Copula 理论的计及输入随机变量相关性的概率潮流计算[J]. 电力系统保护与控制，2013，41（20）：13-19.

[12]　徐玉琴，陈坤，李俊卿，等. Copula 函数与核估计理论相结合分析风电场出力相关性的一种新方法[J]. 电工技术学报，2016，31（13）：92-99.

[13]　李玉敦，谢开贵，胡博. 基于 Copula 函数的多维时序风速相依模型及其在可靠性评估中的应用[J]. 电网技术，2013，37（3）：840-846.

[14]　李玉敦. 计及相关性的风速模型及其在发电系统可靠性评估中的应用[D]. 重庆：重庆大学，2012.

[15]　季峰，蔡兴国，王俊. 基于混合 Copula 函数的风电功率相关性分析[J]. 电力系统自动化，2014，38（2）：1-5.

[16]　蔡菲，严正，赵静波，等. 基于 Copula 理论的风电场间风速及输出功率相依结构建模[J]. 电力系统自动化，2013，37（17）：9-16.

[17]　潘雄，王莉莉，徐玉琴，等. 基于混合 Copula 函数的风电场出力建模方法[J]. 电力系统自动化，2014，38（14）：17-22.

[18]　徐玉琴，王莉莉，张龙. 采用藤 Copula 构建风电场风速相依模型[J]. 电力系统及其自动化学报，2015，27（5）：62-66.

[19]　吴巍，汪可友，李国杰，等. 基于 Pair Copula 的多维风电功率相关性分析及建模[J]. 电力系统自动化，2015，39（16）：37-42.

[20]　吴巍，汪可友，韩蓓，等. 基于 Pair Copula 的随机潮流三点估计法[J]. 电工技术学报，2015，30（9）：121-128.

[21]　欧阳誉波. 基于混合藤 Copula 模型的多风电场出力相关性建模及其在无功优化中的应用[D]. 成都：西南交通大学，2016.

第3章 含风电电力系统的调峰优化

3.1 引　言

随着电网自身峰谷差的逐年增加，电网调峰困难问题逐步显现出来[1, 2]。与此同时，新能源发电发展明显提速，其中电网风电装机容量迅速增长，而风电具有随机性、波动性、间歇性及反调峰特性[3]，风电的大规模接入，势必造成电网的调峰需求大幅度增加，因此需科学评估大规模风电接入对电网调峰的影响。对包含风电场的电力系统进行运行模拟运算时，工程上通常先指定风电运行曲线（场景或情境），然后在负荷曲线上抵扣风电出力得到等效负荷曲线，在此基础上再安排水电和火电开机容量[4]，并校验低谷负荷时火电机组调峰能力能否满足系统需求，若不满足就放水，其中建立适当的风电出力情境模型是运行模拟的基础，但现阶段缺少选取满足一定置信区间的风电出力情境方法，调峰计算结论缺少科学评判[5]。

风电具有不可调节性和不可存储性，风电和水电的协调运行是目前增强风电消纳水平的有效方法。目前，风水联合运行策略的研究主要可以分为两个方向：一为风电和抽水蓄能电站联合运行研究[6]。抽水蓄能是目前最成熟、容量最大的储能技术，具有储能装置调峰填谷和适应电网负荷急剧变化的共性[7]，同时抽水蓄能电站拥有常规水电站的灵活启停、运行安全和经济性等优点。二为风电与常规水电协调运行研究[8]。目前大部分研究都集中在风电与抽水蓄能的联合运行，仅有少量研究人员针对风电与常规水电的协调运行做了研究[9]。Ancona 等[10]分别评估了三个系统，即美国太平洋西北部地区邦纳维尔电力局（BPA）、加拿大魁北克系统和新英格兰电力库（NEPOOL）的风力发电厂与现有的水电厂联合运行情况，表明联合运行能够给系统带来技术和经济上的优势。

对于总体调节性能差的电力系统，若水电绝大多数为日调节或径流电站，丰水期水电调节能力有限，负荷低谷期间需消纳大量水电；另外，若大风期与水电丰水期有重叠，且各日风电最大出力集中在负荷低谷时段，这将大大加重负荷低谷时段电力消纳问题，风电装机规模逐年增加，丰水期负荷低谷时段电力盈余问题将变得异常突出，需研究科学合理的弃水弃风策略，以提高电网运行的技术经济水平。目前，电网企业基本都是按照《中华人民共和国可再生能源法》的规定，全力保证风电接入，尽可能用弃水的方式来保障系统的稳定运行。但是，用弃水来保障最大的风电消纳量，将会极大地抬高发电成本，从而在经济性上失去优势；同时，在来水比较丰富的丰水期，水电基本工作在基荷，若如诸多文献提出的为最大限度全额收购风电，有调节能力水电根据风电出力变化适当增减自身出力水平，使得水电＋风电联合系统出力维持在一个相对稳定的值（如风电可预计最大出力等），而未能充分利用风电可信容量以及水电调节能力，就会造成火电机组多开机反而使得系统调峰能力进一步降低的现象。因此，调峰计算需进一步优化风水联合运行策略。

另外，对于调峰能力较弱的电网，需从经济性和可行性角度，研究解决不同程度调峰能力不足问题措施的具体条件，如抽水蓄能、火电深度调峰和峰谷电价等各种措施的弃水弃风适合水平，尤其需要研究不同弃风电量水平采用何种措施最经济有效，其中风电装机容量与弃风弃水电量之间的关系是上述研究的基础，但现阶段电力系统运行模拟计算通常仅给出调峰电力不足值，而未能直接给出弃风弃水电量。因此，调峰计算需进一步完善分析手段。

3.2　风电远期预测

3.2.1　非参数核密度的概率预测区间估计

1. 区间估计基本方法

针对含风电的电力系统调峰分析，建立适当的风电出力情境模型是基础，需要预测满足一定置信区间的风电出力波动范围。而对于区间估计，目前主要的方法有直接预测法、参数计算法和非参数核密度估计法，前两种方法都建立在经验的估计成分上，预先将预测误差概括成某种特定的分布曲线。第 1 章已知仅用一种近似的分布不能应用到所有的风电场当中，利用特定分布会导致误差精度增大。因此，本章选择非参数核密度估计方法，通过对风电预测误差的概率进行核密度估计，从而得到对应的预测误差概率密度函数[11]。常用的核函数有均匀核函数、高斯核函数、三角核函数等，本章采用高斯核函数。

传统风电预测基本都是基于点估计方法，但它无法反映风电随机性、波动性的特征，本章在点估计的基础上增加区间估计，即通过对风电功率的点估计得到该点的预测值，然后利用非参数估计理论得到预测误差的概率密度函数,在此基础上通过概率论计算在此概率密度函数条件下的估计区间，即满足一定置信区间的波动范围，从而弥补了点估计无法描述风电随机性、波动性的问题。具体为：假设 x 为随机变量，核密度估计出来的概率密度函数为 $\hat{f}_h(x)$，其分布函数 $F(x)=\int_{-\infty}^{x}\hat{f}_h(x)\mathrm{d}x$，则有概率 $P_r(x\leqslant G(q))=\int_{-\infty}^{G(q)}\hat{f}_h(x)\mathrm{d}x=q$（$G(q)$ 为 $F(x)$ 的反函数），从而可得到置信水平为 $1-\alpha$ 的概率区间 $[G(x_1),G(x_2)]$，其中两个实数差 $l=x_1-x_2$ 就是满足该概率水平的区间长度。

由于风电波动对调峰的影响主要体现在日低谷负荷期间的风电出力，因此预测的峰值幅值越大，系统预留的调峰裕量就越大，需根据在一定置信水平，得到其合理、经济、符合实际的波动幅度，即求解满足一定置信水平的 x_1、x_2。具体采用牛顿法求解 x_1、x_2 的过程如下：

（1）将分布函数原函数方程

$$y=F(x)=\int_{-\infty}^{x}\hat{f}_h(x)\mathrm{d}x \tag{3-1}$$

变换为

$$y-\int_{-\infty}^{x}\hat{f}_h(x)\mathrm{d}x=0 \tag{3-2}$$

式中，x 为自变量；y 为因变量。

（2）令 $\varphi(x) = y - \int_{-\infty}^{x} \hat{f}_h(x) \mathrm{d}x$，对其进行泰勒级数展开，保留前两项为

$$\varphi(x) = \varphi(x_0) + \varphi'(x_0)(x - x_0) \tag{3-3}$$

令式（3-3）等于 0，得到非线性方程的迭代公式：

$$x_{k+1} = x_k - \frac{\varphi(x_k)}{\varphi'(x_k)} \tag{3-4}$$

（3）得到反核密度的牛顿法迭代公式：

$$x_{k+1} = x_k - \frac{y - \int_{-\infty}^{x} \hat{f}_h(x_k) \mathrm{d}x}{\varphi'(x_k)} \tag{3-5}$$

（4）根据此迭代公式，概率值 y 一定时，通过不断迭代最终就能找到符合目标条件的 x。

综上所述，求解风电功率曲线的不确定估计区间的步骤如下：

（1）基于实测曲线，对风电出力进行点估计，在气象条件大致不变的情况下，长期预测的点估计值就是该地区历史数据的每时刻的均值。

（2）由地区历史数据来看，得到已有年份的点估计值，以实测数据与点估计值之差得到预测误差，对区间进行预测误差的核密度估计，得到核密度估计的概率密度图之后，对其进行三次样条插值，即概率密度函数。

（3）根据预设的置信水平和上述预测误差概率分布函数，通过牛顿法求出在一定置信水平时预测误差的波动上限和波动下限，由预测误差得到的波动上限和波动下限与点估计值综合得到该地区的预测数据以及波动范围。

2. 实例验证

根据以上步骤，随机选取某省电网内某风电场（装机容量为 100MW）的实测数据进行分析，数据是 2013 年 7 月 24 日 00：00 到 2013 年 8 月 12 日 23：00，其间是每隔一个小时的输出功率。利用参数核密度估计方法得到相应的预测误差概率密度图，最后给出估计区间。

1）步骤 A

图 3-1 为该风电场的风电功率输出，图 3-2 为风电出力点估计曲线与实测曲线，图 3-3 为预测误差曲线。由图 3-3 可知，大部分误差值处在 ±0.2 的区间（注：图 3-1～图 3-3 中风电出力均为出力系数）。

2）步骤 B

通过将上述实测数据与具体点估计预测数据相减，得到全部数据的频率分布直方图，分析所有预测误差的概率密度函数，如图 3-4 所示。

由图 3-4 可以直观发现，该误差频率分布直方图很接近正态分布，其均值和方差分别为 −0.3415、0.09861，可近似看成均值为 0、标准差为 0.09861 的正态分布。理论上，落在（−0.1972, 0.1972）区间内的预测误差数据样本应占全部预测误差数据样本数的 95%。按照给定的误差区间，统计实际结果所占的比例为 93.4%。比较可见，实际误差小于理论值。在此基础上，进一步对其进行三次样条插值，从而得到核密度的概率密度函数：

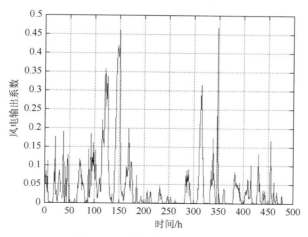

图 3-1　风电场的风电功率输出

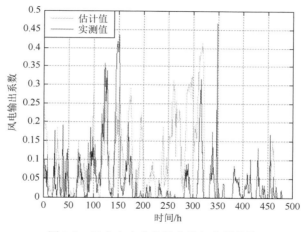

图 3-2　风电出力点估计曲线与实测曲线

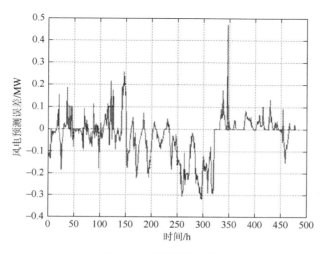

图 3-3　预测误差曲线

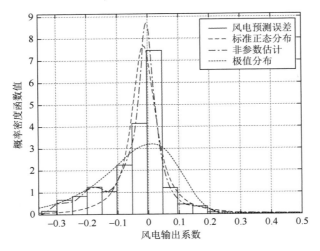

图 3-4　不同分布对全部时刻的风电出力的拟合对比图

$$y = p_1 x^3 + p_2 x^2 + p_3 x + p_4$$
$$p_1 = 1.3412 \times 10^{10}, \quad p_2 = -3.6919 \times 10^7 \qquad (3\text{-}6)$$
$$p_3 = -1.0951 \times 10^5, \quad p_4 = 277.68$$

3）步骤 C

按照上述步骤，取置信度为 0.99，利用牛顿法求解的步骤如下：

（1）分布函数原函数方程为

$$y = F(x) = \int_{-\infty}^{x} (p_1 x^3 + p_2 x^2 + p_3 x + p_4) \mathrm{d}x \qquad (3\text{-}7)$$

可得如下结果：

$$y = F(x) = p_1 x^4 + p_2 x^3 + p_3 x^2 + p_4 x$$
$$p_1 = 3.353 \times 10^9, \quad p_2 = 1.2306 \times 10^7 \qquad (3\text{-}8)$$
$$p_3 = 54755, \quad p_4 = 277.6800$$

式中，x 为自变量；y 为因变量。

（2）令 $\varphi(x) = y - F(x)$，可得非线性方程的迭代公式：

$$x_{k+1} = x_k - \frac{y - p_1 x_k^4 + p_2 x_k^3 + p_3 x_k^2 + p_4 x_k}{m_1 x_k^3 - m_2 x_k^2 - m_3 x_k + m_4}$$
$$m_1 = 1.3412 \times 10^{10}, \quad m_2 = 36919000 \qquad (3\text{-}9)$$
$$m_3 = 109510, \quad m_4 = 277.6800$$

（3）根据此迭代公式，在一定值 y 时，若置信区间为 α，则 $y = 0.5 + \alpha / 2$，初始值选为 0.0081，精度为 1×10^{-10}。通过不断迭代最终就能找到符合目标条件的 x，x 就是波动上下限到点估计值即均值的距离。

计算对应的波动范围，具体结果如表 3-1 所示。

表 3-1 风电规划年出力（出力系数）

时刻 / 风电出力	0:00	1:00	2:00	3:00	4:00
上限值	0.264094	0.264083	0.263675	0.250147	0.255268
均值	0.215367	0.214026	0.213173	0.202594	0.207607
下限值	0.166641	0.16397	0.162671	0.155041	0.159946
时刻 / 风电出力	5:00	6:00	7:00	8:00	9:00
上限值	0.247323	0.251569	0.24874	0.254469	0.258117
均值	0.20065	0.204421	0.20278	0.208026	0.20965
下限值	0.153978	0.157273	0.156821	0.161584	0.161183
时刻 / 风电出力	10:00	11:00	12:00	13:00	14:00
上限值	0.250673	0.243558	0.253434	0.253673	0.260204
均值	0.20346	0.196117	0.203903	0.205193	0.210108
下限值	0.156246	0.148676	0.154372	0.156713	0.160012
时刻 / 风电出力	15:00	16:00	17:00	18:00	19:00
上限值	0.255087	0.264138	0.264494	0.273228	0.284099
均值	0.205795	0.213319	0.213925	0.220956	0.230499
下限值	0.156503	0.162501	0.163357	0.168683	0.176899
时刻 / 风电出力	20:00	21:00	22:00	23:00	
上限值	0.289333	0.29084	0.277616	0.28315	
均值	0.237484	0.239595	0.22903	0.231929	
下限值	0.185636	0.188349	0.180444	0.180707	

利用类似的方法，通过 2013 年、2014 年风电整体出力数据对 2020 年规划年的典型日风电出力进行整体预测，通过核密度方法得到的预测误差分布整体上服从 t 分布。通过 t 分布，在置信度为 0.99 时，可以得到如图 3-5 所示的点估计上限、点估计值及点估计下限。

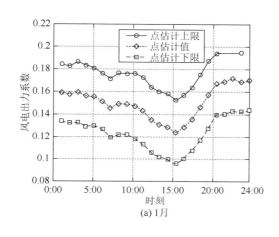

(a) 1月

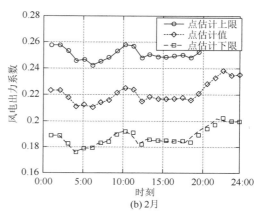

(b) 2月

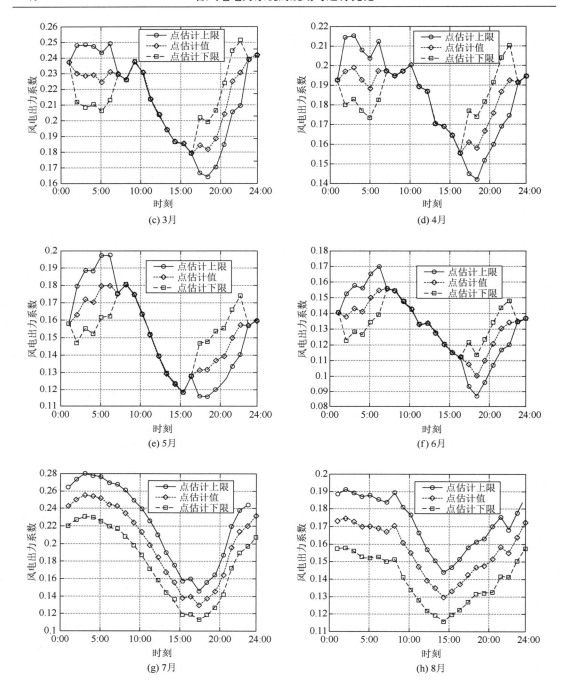

(c) 3月

(d) 4月

(e) 5月

(f) 6月

(g) 7月

(h) 8月

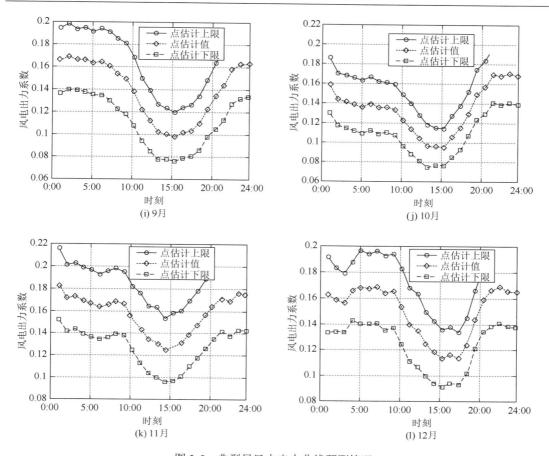

图 3-5　典型日风电出力曲线预测情况

3.2.2　风电日出力波形曲线估计

风电日出力波形曲线是一个随机过程 $f(k,t) = \sum P_n(k,t) / \max \sum P_n(k,t)$，其中 $P_n(k,t)$ 为第 n 风电场 k 月某日 t 时刻出力 $(t = 0,1,2,\cdots,23)$，某日预测出力波形曲线仅是随机过程的一个样本曲线，其某日的出力曲线在上下限波动，在负荷高峰以及负荷低谷时分别有 123 种情况，如图 3-6 所示，分别为风电出力点估计上限、点估计下限及点估计值。

电网调峰水平与系统负荷的峰谷差紧密相关：

$$Pv_{load}(k) = f_{load}(k,t_1) - f_{load}(k,t_2) \tag{3-10}$$

式中，$Pv_{load}(k)$ 为负荷的峰谷差；$f_{load}(k,t_1)$ 为系统负荷高峰时的负荷出力；$f_{load}(k,t_2)$ 为系统负荷低谷时的负荷出力。当风电接入时，$Pv_{load}(k)$ 变化的程度即风电对于系统调峰影响的程度，即

$$Pv_{Eqload}(k) = f_{Eqload}(k,t_1) - f_{Eqload}(k,t_2) \tag{3-11}$$

式中，$Pv_{Eqload}(k)$ 为等效负荷的峰谷差；$f_{Eqload}(k,t_1)$ 为系统等效负荷高峰时的负荷出力；$f_{Eqload}(k,t_2)$ 为系统等效负荷低谷时的负荷出力。针对电网调峰，依据

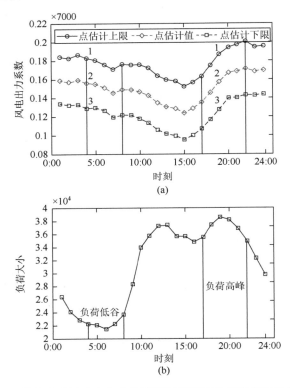

图3-6　某省典型日风电出力曲线预测情况以及对应负荷出力情况

$$\Delta Pv(k) = Pv_{Eqload}(k) - Pv_{load}(k) \qquad (3\text{-}12)$$

可将风电日出力波动曲线设定为以下4个典型场景。

（1）场景 A：3-1 组合，即 $\Delta Pv(k)$ 变化幅度小，在负荷低谷时风电出力为出力下限，而在负荷高峰时风电出力为出力上限，其他时刻风电出力不变；此情况下对系统负荷的峰谷差影响最小，风电接入对电网调峰的影响最小。

（2）场景 B：1-3 组合，即 $\Delta Pv(k)$ 变化幅度大，在负荷低谷时风电出力为出力上限，而在负荷高峰时风电出力为出力下限，其他时刻风电出力不变；此情况下对系统负荷的峰谷差影响最大，风电接入对电网调峰的影响最大。

（3）场景 C：2-2 组合，风电出力为估计值。

（4）场景 D：在风电不接入系统的情况下，此时系统调峰需求安排总能在风电接入时刻保证系统满足调峰要求。

根据该省已有风电出力历史数据，估计日出力波形曲线，作为预测的波形曲线。日出力波形曲线估计的计算步骤如下：

（1）确定置信系数 γ，区间估计出各时刻点（$t = 0:00\sim23:00$）"风电出力相对日最大出力波动值"上、下限为 $f_1(k,t)$、 $f_2(k,t)$。

（2）寻找负荷高峰和负荷低谷时刻，负荷高峰为一天中负荷最高点所对应时刻的前后两小时，负荷低谷为一天中负荷最低点所对应时刻的前后两小时。

（3）根据场景 A、B、C，确定场景 A、B 的日出力波形估计曲线。

根据该省风电场 2014 年 1 月 1 日至 2014 年 12 月 31 日的出力数据,取置信系数等于 0.99,预测 2020 年风电各月典型日出力波动曲线具体如图 3-7 所示。

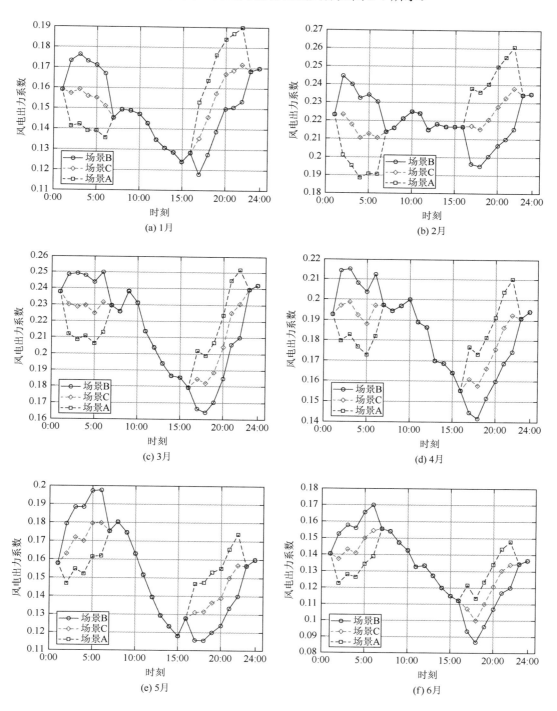

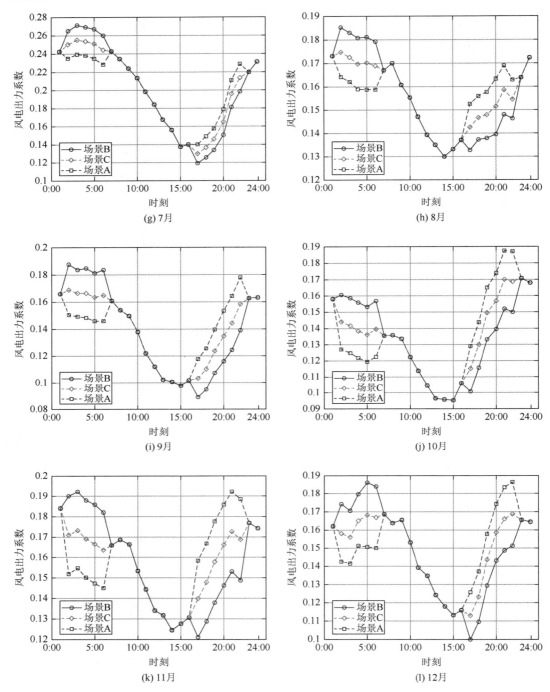

图 3-7　某风电各月典型日出力波动曲线

3.2.3　风电正反调峰特性

受风速变化等因素的影响，风电场的输出功率具有随机性、波动性和间歇性等特点，且不受人为控制。不同地区、不同季节以及同一天的不同时刻，风电场的输出功率都会有很大的不同。根据负荷预测数据以及风电预测数据可以推断出风电接入系统后的调峰特性。

图 3-8 为某省不同地区的负荷峰谷差变化量持续曲线。由图可知，西南部主要成反调峰特性，而南部有 1 月、2 月、9 月、10 月和 12 月成正调峰特性，全省由于风电的集群效应，峰谷差相较于西南部和南部峰谷差影响程度变小。

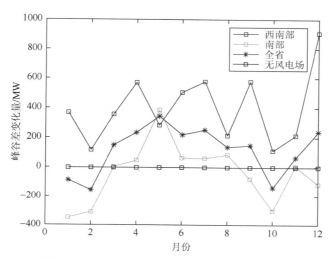

图 3-8　不同地区的负荷峰谷差变化量持续曲线

电网消纳风电过程中，若日前预测风电出力准确，系统调峰需求则表现为净负荷峰谷差，即系统日最大负荷为净负荷峰荷。由于风电具有多时间尺度波动特性，风电出力曲线与负荷曲线叠加会出现正调峰、负调峰、过调峰等多种情况。由表 3-2 和图 3-9 可知，风电正调峰使净负荷峰谷差变小，可以有效减少该日常规机组调峰容量需求，如 1 月、2 月和 10 月；其他月份为风电的反调峰特性，风电负调峰与正调峰相反，会增大系统调峰需求。

表 3-2　某省风电 2020 年调峰分析（单位：MW）

月份	负荷峰谷差（KL）	等效负荷峰谷差（KEL）	KEL−KL
1	17105.094	17018.569	−86.53
2	20530.058	20371.611	−158.45
3	18197.688	18348.643	150.96
4	14507.446	14742.804	235.36
5	15488.764	15833.602	344.84
6	18292.366	18509.132	216.77
7	15346.413	15597.889	251.48
8	15047.817	15182.627	134.81
9	15475.164	15326.923	−148.24
10	15760.450	15902.587	−142.14
11	18064.387	18002.109	−62.28
12	16645.581	16405.540	−240.04

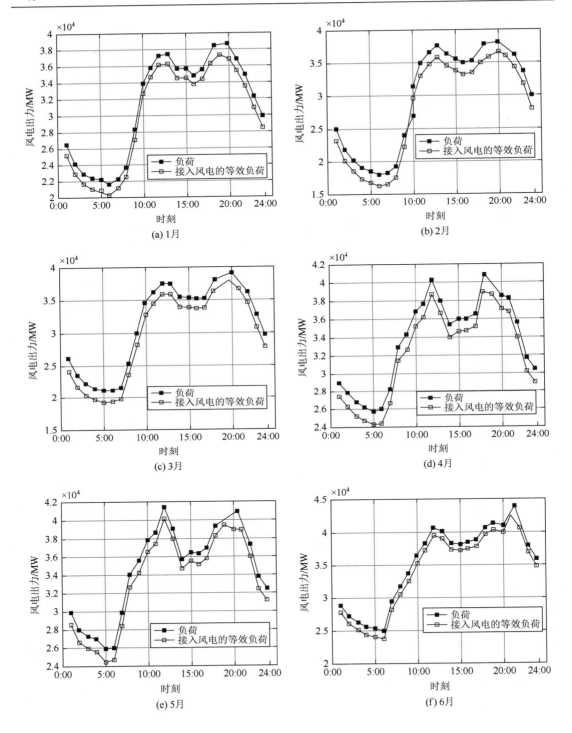

(a) 1月

(b) 2月

(c) 3月

(d) 4月

(e) 5月

(f) 6月

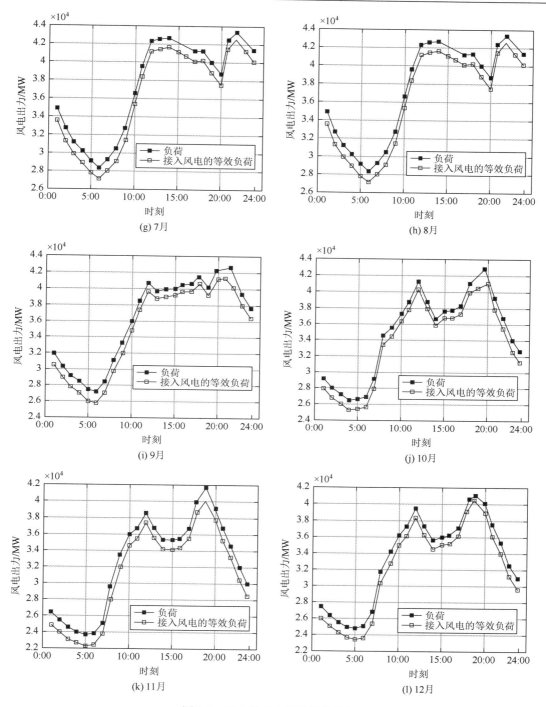

图 3-9　风电各月典型日调峰分析

3.3　风电-水电联合运行策略

3.3.1　风电-水电联合运行基本原理

由上述风电出力特性分析可知，风电随机性、波动性和间歇性很强，大多数情况下风电自身都只能提供电量的支持，难以提供容量的保证。另外，作为理想调峰电源的水电，启停速度快，经济性能好，但水电可调能力受到调度周期内水文条件等因素影响，经常无法以其最大容量参与系统调峰。因此，若风电与有调节能力的水电能联合运行，使风电电量支持水电，水电用其容量支持风电，则可以达到较大程度地接纳风电、改善调峰能力的目的[12]。

风电-水电联合运行的基本原理如图 3-10 所示。根据预测得到的风电日出力曲线 L_{W} 及系统原始日负荷曲线 L_{Ini}，将风电的出力当作负的负荷，对系统原始日负荷曲线进行修正，得到系统日等效负荷曲线 L_{Equ}，再根据有调节能力水电站的可调电量，确定水电站在日负荷曲线上的有效调峰容量 C_{WHE}，进而确定出风电-水电联合运行在日负荷曲线上的工作位置 W_{WH}，在该工作位置之上的负荷部分由风电-水电组成的联合系统承担，该位置之下的负荷部分由火电来承担。

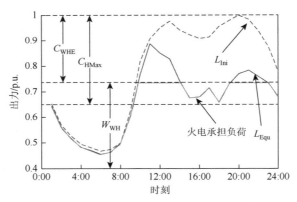

图 3-10　风电-水电联合运行的基本原理示意图

由图 3-10 可以看出：

（1）若风电日出力曲线预测十分准确，则理想的风电-水电联合运行方式不仅能充分利用一定程度的风电削峰能力，还能使水电利用风电提供的电量支持提高其工作容量，从而降低火电工作位置，减少火电开机容量，从而减小系统调峰压力。

（2）一旦火电工作位置确定好，若如下三个条件成立：风电日内发电量能预测准确、高峰负荷时水电可调最大出力能大于需要风电-水电联合系统承担的出力、低谷负荷时风电最大出力能小于需要风电-水电联合系统承担的出力，则无论日内风电曲线如何波动变化，风电-水电联合系统完全能够满足系统运行需求，否则需要火电提供额外的调峰容量或需弃水弃风。

（3）将风电看成"负"的负荷纳入负荷波动范围，原理上已是优先考虑收购风电（优先安排风电切割负荷曲线），且在一定程度上已实现了风电-水电-火电联合运行，降低火电工作位置的作用（提高调峰裕度）。但是，若事先安排火电工作位置时未考虑风电与水电的互补作用，若未计入日内风电可发电量影响，则预安排的火电工作位置就会上升，火电开机容量就会增加，有调节能力水电机组的作用就不能得到有效利用，不利于低谷时段风电、水电的消纳。

（4）安排水电、火电工作位置时计入日内风电可发电量影响，但假定高峰负荷时风电出力为零，基本上可确保高峰负荷时水电可调最大出力能大于需要风电-水电联合系统承担的出力，但是高峰负荷时风电的可信容量不能得到充分利用，尤其对于风电装机比例较高的系统，会导致火电开机容量增大，不利于低谷时段风电、水电的消纳。

（5）有些文献提出的为最大限度全额收购风电，有调节能力的水电根据风电出力变化适当增减自身出力水平，使得水电-风电联合系统出力维持在一个相对稳定的值（如风电可预计最大出力等）。虽然水电平滑了风电，但它未能有效发挥水电的调峰作用，导致火电需承担更多调峰任务，造成火电机组开机次数增多，使得系统调峰能力反而进一步降低，更不利于负荷低谷时段风电、水电的消纳。

综上所述，风电-水电联合提高电网消纳风电能力的基本思路是水电能利用风电提供的电量支持提高其工作容量，从而降低火电工作位置，减少火电开机容量，为消纳风电留足电力电量空间，它的主要作用并不是确保低谷负荷时风电最大出力肯定小于需要风电-水电联合系统承担的出力。调峰分析中考虑风电-水电联合运行的三个关键要素是：①科学准确地预测高峰/低谷时段风电出力场景，它要有代表性，既不能过于保守，也不能过于极端（如假定电网低谷负荷时风电出力系数为100%），尤其对于风电装机容量较大的系统，若能充分考虑风电的可信容量，则低谷负荷时段消纳风电能力将会进一步增加；②准确预测风电发电量并将其纳入火电工作位置安排分析中；③科学合理的弃水弃风联合策略，要综合考虑社会经济性，既不能只弃水，也不能只弃风，尤其对于水电/风电装机容量均较大的系统，一旦系统调峰能力不足，具体弃水弃风代价是制定相关决策的重要依据。

3.3.2　弃风弃水联合策略

1. 电力系统弃风弃水概述

弃风问题在本质上是电力系统对风电的消纳能力问题，是指风机处于正常情况下，电力调度机构要求部分风电场风机降低出力或暂停运行的现象。前几年，随着我国风电连续多年成倍增长，风电并网特别是弃风限电问题一度成为各方关注的焦点[13]。从各种文献及资料来看，弃风发生的原因主要分为以下两种。

1）调峰能力不足导致的弃风

风资源的不确定性导致风电出力具有波动性，可预测性差，需要其他电源提供备用和调峰服务，满足风电并网消纳的需要。当系统内风电所占比例较小时，电力调度机构可以通过降低其他电源出力来实现系统实时平衡。随着风电并网规模的不断增加，风电占最小负荷的比例逐步提高，局部地区风电出力可能超过负荷需求。核电、热电等机组在系统中主要承担基础负荷功能,必须持续运行,更增加了系统调峰难度。在其他电源降出力达到极限后,为了保持系统的安全稳定,必须对风电出力进行一定的限制。

2)输电通道容量不足导致的弃风

尽管各国风电发展模式有所不同,但局部地区风电开发相对集中是很多国家的一大特点或趋势。在本地消纳能力不足的情况下,为了防止局部风电窝电,有必要对大规模集中风电实行外送消纳,此时提高输电通道容量,特别是跨区联络线容量就显得至关重要。但从现实情况来看,虽然各国都在加强电网规划建设,但是跨区跨国电网建设既面临管理体制制约,也存在协调难度大、建设周期长等现实困难。在跨区联络线输送容量不足的情况下,弃风也就成为电力调度机构不得不采取的手段[14]。

本章研究的某省作为一个同时拥有丰富风电资源和水电资源的地区,其电网调峰调频的充裕度和灵活性均强于偏远地区电网,未来造成某电网弃风弃水的原因主要集中在第一种原因,随着电网建设加强,输电容量不会成为制约风电消纳的重要原因。

2. 电力系统联合弃风弃水策略设计

一旦电力系统调峰能力不足,常用的弃风弃水策略主要有以下几点:

(1)全力保证风电接入,尽可能用弃水的方式来保障系统的稳定运行及调峰裕度,即用弃水的方式来应对风电波动,保证在任何时候风电均有最大的消纳,这一运行方式是现行最主要的风电-水电联合运行策略。这一策略的好处在于操作简单,符合《中华人民共和国可再生能源法》的规定和国家对于风力发电大力扶持的政策,能最大限度地保证整个电力系统对风力发电的接纳程度,对风力发电乃至整个新能源发电业的发展起到积极的推动作用。

(2)视调峰裕量接纳风电,一旦裕量不足,立即进行弃风操作。这一联合运行策略主要存在于早期风电接入电力系统后。这一策略的优点在于不会对已有电力系统的调峰造成较大压力,基本无须改变传统操作策略,充分利用系统调峰裕量的同时,未对电网内其他电厂利益产生影响。

实际上,若不考虑电网网架结构限制及网络损耗差别,弃风弃水策略不同不会影响弃风弃水的总电量,它仅涉及调峰能力不足时弃电量的分摊。虽然《中华人民共和国可再生能源法》规定电网企业需全额消纳风电,但如果单从购电成本角度看,由于水电上网电价明显低于风电上网电价,弃风要优于弃水;而若从发电侧看,由于相同容量水电厂年发电量明显高于风电场,且风电场内风机使用寿命比水电厂明显要短(资产消耗速度要快),在确保同等容量发电厂收益率相同的条件下,弃水要优于弃风。因此,研究弃水弃风策略,需站在全社会角度考虑不同策略的综合经济性,同时还需考虑政策、法规的约束因素,寻求到各利益诉求方之间的平衡,即科学合理地划分好各方的调峰责任[15]。

3.4　考虑风电-水电联合运行的电力系统运行模拟

3.4.1　运行模拟基本原理

考虑风电-水电联合运行的电力系统运行模拟的基本思路是:充分考虑系统中风电、

常规水电、抽水蓄能电站及火电站的特点，在满足电力系统运行各种约束的条件下，对电力系统水平年逐月典型日 24h 负荷曲线上安排各电站的工作位置。具体数学表达式如下。

1）目标函数

在考虑风电不确定性的情况下，使系统中常规火电站的工作容量和发电量最小，以系统调峰容量盈余最大为目标，获得经济合理的运行方式，以满足电力系统负荷的需求，从而获得系统运行模拟结果。

$$\min F = \min E_{\mathrm{WQ}} \bigcap \min\{E_{\mathrm{HQ}} \mid \max(P_{\mathrm{H}\max m} + R_{\mathrm{H}m}), m=1,2,\cdots,12\}$$
$$\bigcap \max[\min \Delta P_m, m=1,2,\cdots,12] \bigcap \min \Delta E \tag{3-13}$$

式中，E_{WQ}、E_{HQ} 分别为风电弃电量和水电弃电量；$P_{\mathrm{H}\max m}$ 为水平年 m 月水电站最大发电出力；$R_{\mathrm{H}m}$ 为水平年 m 月水电承担备用容量；ΔP_m 为系统水平年 m 月调峰容量盈余；ΔE 为系统电量缺额。

2）约束条件

（1）系统电力平衡约束：

$$\sum_{i=1}^{N} P_{imt} = L_{mt} \tag{3-14}$$

式中，N 为系统电站数目；P_{imt} 为电站 i 水平年 m 月 t 小时发电出力；L_{mt} 为系统水平年 m 月 t 小时负荷。

（2）系统负荷及事故备用约束：

$$\sum_{i=1}^{N} R_{\mathrm{R}im} = R_{\mathrm{R}m} \geqslant R_{\mathrm{RN}m}$$
$$\sum_{i=1}^{N} R_{\mathrm{S}im} = R_{\mathrm{S}m} \tag{3-15}$$

式中，$R_{\mathrm{R}im}$、$R_{\mathrm{S}im}$ 分别为电站 i 水平年 m 月承担系统的热备用（负荷及事故旋转）和冷备用（事故停机）；$R_{\mathrm{R}m}$、$R_{\mathrm{S}m}$ 分别为系统水平年 m 月热备用和冷备用容量；$R_{\mathrm{RN}m}$ 为系统水平年 m 月热备用容量下限。

（3）系统调峰平衡约束：

$$\sum_{i=1}^{N} \Delta P_{im} \geqslant \Delta L_m + R_{\mathrm{R}m} \tag{3-16}$$

式中，ΔP_{im} 为系统水平年 m 月电站 i 调峰容量；ΔL_m 为系统水平年 m 月典型日负荷峰谷差。

（4）系统电量平衡约束：

$$\sum_{i=1}^{N} E_{im} = E_m \tag{3-17}$$

式中，E_{im} 为电站水平年 m 月发电量；E_m 为系统水平年 m 月预测负荷电量。

（5）系统保安开机约束：

$$\sum_{i=1}^{N_{\mathrm{T}}} n_{\mathrm{T}im} C_i \geqslant C_{\min} \tag{3-18}$$

式中，N_T 为系统火电站数目；n_{Tim} 为火电站 i 水平年 m 月开机台数；C_i 为火电站 i 单机容量；C_{min} 为系统水平年保安开机容量。

（6）系统火电站旋转备用容量下限约束：

$$\sum_{i=1}^{N_T} R_{TRim} \geqslant R_{Tmin} R_{Rm} \tag{3-19}$$

式中，R_{TRim} 为火电站 i 水平年 m 月承担热备用容量；R_{Tmin} 为火电机组承担系统旋转备用最低比例。

（7）系统水电、抽水蓄能电站备用容量上限约束：

$$\sum_{i=1}^{N_H} R_{Him} + \sum_{i=1}^{N_P} R_{Pim} \leqslant R_{Hmax}(R_{Rm} + R_{Sm}) \tag{3-20}$$

式中，R_{Him}、R_{Pim} 分别为水电或抽水蓄能电站 i 水平年 m 月承担系统备用容量；R_{Hmax} 为系统水电和抽水蓄能电站承担系统总备用最大比例。

（8）系统火电机组检修能力约束：

$$R_{Mmin} C_T \leqslant \sum_{i=1}^{N_T} n_{TMim} C_i \leqslant R_{Mmax} C_T \tag{3-21}$$

式中，R_{Mmin}、R_{Mmax} 分别为系统火电检修能力下限和上限；C_T 为系统火电总装机容量；n_{TMim} 为火电站 i 水平年 m 月计划检修机组台数。

（9）电站发电出力上、下限约束：

$$\underline{P}_{im} \leqslant P_{imt} \leqslant \overline{P}_{im} \tag{3-22}$$

式中，$\underline{P}_{im}$、$\overline{P}_{im}$ 分别为水平年 m 月电站 i 发电出力下限和上限。

（10）电站承担系统及分区备用容量上限约束：

$$0 \leqslant R_{im} \leqslant R_{imax} \tag{3-23}$$

式中，R_{im}、R_{imax} 分别为水平年 m 月电站 i 承担系统备用容量及其上限。

（11）电站年发电能耗上、下限约束：

$$\underline{T}_i \leqslant T_{im} \leqslant \overline{T}_i \tag{3-24}$$

式中，T_{im}、$\underline{T}_i$、$\overline{T}_i$ 分别为电站 i 年发电利用小时数及其下限和上限。

（12）电站检修场地约束：

$$n_{Mim} \leqslant \overline{n}_{Mi} \tag{3-25}$$

式中，n_{Mim}、$\overline{n}_{Mi}$ 分别为电站 i 同时安排检修机组台数约束和 m 月实际检修台数。

（13）水电站电量平衡约束：

$$\sum_{t=1}^{24D_m} (P_{Himt} + P_{Qimt}) = 24 D_m P_{HAVim} \tag{3-26}$$

式中，D_m 为水平年 m 月天数；P_{Himt} 为水电站 i 水平年 m 月 t 小时发电出力；P_{Qimt} 为水电站 i 水平年 m 月 t 小时调峰弃水电力；P_{HAVim} 为水电站 i 水平年 m 月平均出力。

（14）抽水蓄能电站日电量平衡约束：

$$\sum_{t=1}^{24} P_{Pimt} = \eta_i \sum_{t=1}^{24} L_{Pimt}$$

$$E_{PVim} = \sum_{t=1}^{24} L_{Pimt} \leqslant E_{PVi} \qquad (3\text{-}27)$$

式中，P_{Pimt} 为抽水蓄能电站 i 水平年 m 月 t 小时发电出力；η_i 为抽水蓄能电站 i 抽水-发电转换效率；L_{Pimt} 为抽水蓄能电站 i 水平年 m 月 t 小时抽水负荷；E_{PVim} 为抽水蓄能电站 i 水平年 m 月典型日抽水电量；E_{PVi} 为抽水蓄能电站 i 日最大抽水库容。

（15）火电站开机台数约束：

$$\underline{n}_{im} \leqslant n_{Tim} \leqslant \overline{n}_{im} \qquad (3\text{-}28)$$

式中，$\underline{n}_{im}$、$\overline{n}_{im}$ 分别为火电站 i 水平年 m 月开机台数下限和上限。

3.4.2　运行模拟实现流程

考虑风电-水电联合运行的运行模拟流程如图 3-11 所示。

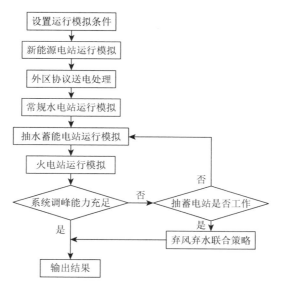

图 3-11　考虑风电-水电联合运行的运行模拟流程图

具体步骤如下：

（1）读取数据以及设置运行模拟相关的初始条件。

（2）新能源电站运行模拟。将新能源电站的出力当成"负"的负荷，从原始负荷曲线上扣除，以修正负荷曲线（注：将风电看成"负"的负荷纳入负荷波动范围，原理上已是优先考虑收购风电，且在一定程度上已实现了风电、水电、火电联合运行降低火电工作位置的作用）。

（3）外区协议送电处理。对于外区协议送电，根据其送电方式可以将其分为三类：新能源类、水电类、火电类。处理方法参考相应类型电站的运行模拟方式。

（4）常规水电站运行模拟。根据水电站的特征及其经济性，为了充分利用水电的容量和电量，在处理完新能源电站和外区协议送电之后，应该首先对常规水电站进行运行模拟。

（5）抽水蓄能电站运行模拟。抽水蓄能电站作为电力系统中最佳的调峰和备用电源，在完成常规水电站的运行模拟之后，应该根据系统的实际需求，进一步合理地安排抽水蓄能电站的低谷抽水电量和尖峰发电量。

（6）火电站运行模拟。火电站包括燃煤火电站、燃油火电站、燃气火电站，运行模拟模型中，将核电站处理为不能调峰的火电站，即其最小技术出力为 1。火电站的运行模拟应根据各类机组的煤耗特性以及调峰能力，确定各电站的开机容量，并合理地分配其工作容量和备用容量。

（7）系统调峰能力评估。计算系统总技术最小出力，若依然高于负荷需求，则先安排抽水蓄能电站抽水调峰，若依然不能满足要求，则再启动弃风弃水策略，以满足系统运行需求。

（8）汇总，得出运行模拟结果。汇总各类型电站的运行模拟结果。

3.4.3　水电站运行模拟

1. 抽水蓄能电站

抽水蓄能电站能将系统负荷低谷时段的电力抽水存储在上水库，在负荷高峰时段再放水至下水库发电，它可将电网负荷低时的多余电能转变为电网高峰时期的高价值电能。抽水蓄能电站确定填谷调峰位置的基本步骤为：

（1）确定抽水蓄能电站 i 水平年 m 月典型日抽水电量 E_{PVim}；
（2）确定抽水蓄能电站 i 水平年 m 月典型日发电电量 P_{Pim}；
（3）使用代数方程法确定抽水蓄能电站在负荷曲线上的工作位置。

抽水蓄能电站在典型日负荷曲线上的抽水位置原则和优先顺序为：按照单机容量从大到小的顺序，依次安排各抽水蓄能电站抽水填谷。对于每个抽水蓄能电站，以其单机容量为单位，每次选择典型日负荷曲线上最低负荷时段安排一台机组抽水填谷，直到该抽水蓄能电站的日抽水电量等于要求的日抽水电量。

考虑的约束条件有：①抽水蓄能电站在任意时段的抽水电力必须是单机容量的整数倍；②抽水蓄能电站在任意时段的抽水电力必须小于或等于最大允许抽水电力；③为了避免抽水位置与发电位置重叠，抽水蓄能电站在任意时段的抽水电力与该时段负荷之和应小于或等于系统最大负荷和最小负荷的平均值；④抽水蓄能电站的日抽水电量应不超过其抽水库容。

使用按需满抽发的方式进行抽水填谷，确定抽水蓄能电站的日抽水量：令抽水蓄能电站的日抽水电量为零，进行整个系统的运行模拟计算，可得到抽水蓄能电站不参与调峰时的调峰盈亏状况，若系统出现调峰不足，则令该月各抽水蓄能电站的日抽水电量等于其抽水库容，再次进行整个系统的运行模拟。

2. 代数方程法

在电力系统运行模拟中所使用的典型日 24h 负荷曲线可以用梯形图表示,根据其阶梯特性,电力系统运行模拟软件(如 SPER_ProS 2013)中提出一种代数方程法,用于求解水电站在负荷曲线上的工作位置。

图 3-12 为代数方程法原理示意图。根据负荷曲线的阶梯性质,将典型日 24h 负荷曲线从上至下分为若干块,负荷每发生一次变化,进行一次分块,至多可将负荷分为 24 块。对于分块 i,能够确定出 4 个参数:分块 i 在负荷曲线上的位置下限 Y_{i1} 和位置上限 Y_{i2},分块宽度 t_i(持续时间),分块高度 h_i(负荷大小)。对于某一特定的水电站,在已知其可调容量 C_H 和可调电量 E_H 的情况下,其准确的工作位置如图中阴影部分所示。此时,该电站在日负荷曲线各分块中所占区域可分为三个部分:①第 m 个负荷分块的下部,其高度为 P_m;②位于负荷分块 m 和 n 之间各个分块的全部,其高度为相应负荷分块高度总和;③第 n 个负荷分块的上部,其高度为 P_n。

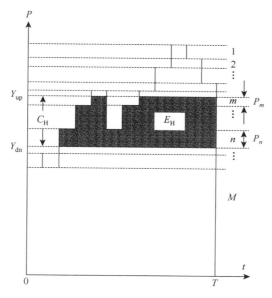

图 3-12　代数方程法原理示意图

根据各参数之间的关系,可列出以下一元二次方程组:

$$\begin{cases} P_m + P_n = C_H - \displaystyle\sum_{j=m+1}^{n-1} h_j \\ t_m P_m + t_n P_n = E_H - \displaystyle\sum_{j=m+1}^{n-1} t_j h_j \end{cases} \qquad (3\text{-}29)$$

求解未知量 P_m 和 P_n:

$$\begin{cases} P_m = C_{\mathrm{H}} - \displaystyle\sum_{j=m+1}^{n-1} h_j - P_n \\[4mm] P_n = \dfrac{E_{\mathrm{H}} - t_m C_{\mathrm{H}} - \displaystyle\sum_{j=m+1}^{n-1} h_j (t_j - t_m)}{t_n - t_m} \end{cases} \tag{3-30}$$

进一步,可以确定出水电站在系统典型日 24h 负荷曲线上的工作位置上限 Y_{up} 和下限 Y_{dn}:

$$\begin{cases} Y_{\mathrm{up}} = Y_{m1} + P_m \\ Y_{\mathrm{dn}} = Y_{n1} - P_n \end{cases} \tag{3-31}$$

采用代数方程法确定水电站工作位置的方法具体步骤如下:

(1)对典型日 24h 负荷曲线进行分块,并确定每个分块的 4 个参数(Y_{i1}、Y_{i2}、t_i、h_i)。

(2)计算水电站 i 的可利用小时数 $t_{\mathrm{H}} = E_{\mathrm{H}}/C_{\mathrm{H}}$。

(3)初步确定限能电站工作位置的上下限,令 $n=1$,$m=1$。若 $t_n < t_{\mathrm{H}}$,则令 $m=n$,$n=n+1$,直到 $t_n > t_{\mathrm{H}}$,退出循环。

(4)计算 P_n,如果 $P_n > h_n$,令 $n=n+1$,重新计算 P_n,反之进行下一步。

(5)计算 P_m,如果 $P_m > h_m$,令 $m=m-1$,转至步骤(4),反之进行下一步。

(6)计算水电站在系统日负荷曲线上的工作位置上限 Y_{up} 和下限 Y_{dn},由此可确定水电站 i 的工作容量及其在负荷曲线上的工作位置。

(7)修正被改动的各个负荷分块的相关参数:

$$\begin{cases} Y_{m1} = Y_{m1} + P_m, & h_m = h_m - P_m \\ Y_{n2} = Y_{n2} - P_n, & h_n = h_n - P_n \\ Y_{j1} = Y_{j2}, & h_j = 0, j \in (m,n) \end{cases} \tag{3-32}$$

(8)$i=i+1$,转至步骤(2),进行下一个电站的计算。

3. 检修计划安排

水电站的检修安排以月和单台机组为单位进行。对于装机台数较多或者检修时间不是一整个月的情况,可以以月为单位,折算成检修台数进行安排,检修台数的计算公式如下:

$$N_{\mathrm{M}i} = n_{\mathrm{R}i} D_{\mathrm{M}i} / 30 \tag{3-33}$$

式中,$N_{\mathrm{M}i}$ 为电站 i 折算检修台数,$n_{\mathrm{R}i}$ 为电站 i 实际机组台数,$D_{\mathrm{M}i}$ 为机组检修天数。

水电站检修计划安排具体有以下步骤:

(1)判断水电站当前月份是否能够检修。

(2)对于无调节能力的水电站,找出平均出力最小的月份;对于有调节能力的水电站,找出该电站预想出力与平均出力差值最大的月份。

(3)判断该月累积的检修容量是否超过电站的检修能力。若超过,则返回步骤(2);反之,则在确定出的月份安排一台机组进行检修。

（4）修正相应月份的检修容量，并返回步骤（2）安排下一台机组进行检修，直到安排完所有水电机组。

4. 预留备用容量

为了充分利用水电站的容量效益和电量效益，根据各水电站的水文条件，按照式（3-34）确定各水电站的预留备用容量 $R_{\text{HR}im}$：

$$R_{\text{HR}im} = \min\{50\%R_{i\max}P_{\text{HX}im}, k_{\text{H}im}(P_{\text{HX}im} - P_{\text{HAV}im})\} \tag{3-34}$$

式中，$R_{i\max}$ 为电站 i 水平年 m 月承担备用上限；$P_{\text{HX}im}$、$P_{\text{HAV}im}$ 分别为电站的预想出力和平均出力；$k_{\text{H}im}$ 为预留备用系数，当 $P_{\text{HX}im}<2P_{\text{HAV}im}$ 时，$k_{\text{H}im}=50\%$；当 $P_{\text{HX}im}>2P_{\text{HAV}im}$ 时 $k_{\text{H}im}=70\%$。

5. 水电站出力安排顺序

由负荷曲线的特性可知，对于可调容量确定的水电站，其在负荷曲线上的工作位置越高，发电量越大。因此，为了充分发挥各水电站的容量效益和电量效益，应根据各水电站的可调容量和可调电量的不同进行排序。对于可调容量大、可调电量小的水电站，应工作于负荷曲线上较高的位置，对于可调容量小、可调电量大的水电站，应工作于负荷曲线上较低的位置，为此，定义水电站 i 水平年 m 月的调节能力系数 $R_{\text{A}im}$：

$$R_{\text{A}im} = \frac{P_{\text{HX}im} - P_{\text{HN}im} - R_{\text{HR}im}}{K_{\text{H}i}(P_{\text{HAV}im} - P_{\text{HN}im})} \tag{3-35}$$

式中，$P_{\text{HN}im}$ 为电站 i 水平年 m 月的强迫出力；$K_{\text{H}i}$ 为电站的水库调节系数。

$R_{\text{A}im}$ 值越大，表明电站的调节能力越强，其工作位置应该处于负荷曲线上较高的位置。因此，在进行水电站出力安排时，应该按照调节能力系数 $R_{\text{A}im}$ 从大到小的顺序，在负荷曲线上自上而下安排各水电站的工作位置。

6. 水电站工作位置

根据运行模拟模型中水电部分的目标函数和相应的约束条件，按照水电出力安排顺序，使用代数方程法确定各水电站在典型日负荷曲线上的工作位置。

7. 修正备用容量

在确定了各水电站的工作位置之后，电站 i 水平年 m 月可承担的最大备用容量 $R_{\text{HA}im}$ 为

$$R_{\text{HA}im} = P_{\text{HX}im} - P_{\text{H}\max im} \tag{3-36}$$

式中，$P_{\text{H}\max im}$ 为电站 i 水平年 m 月典型日最大出力。

3.4.4　火电站运行模拟

1. 检修计划安排

常用的发电机组检修计划方法主要有等备用法和等风险度法两类[16]。等备用法是在计及发电机组的检修停运后，使系统的净备用在全年各时段尽可能相等，以制订检修计划

的方法；等风险度法在处理检修机组时，考虑了随机停运对系统可靠性的影响，在处理每一检修时段内的代表负荷时，考虑了负荷的逐日变化，并根据等风险度原理进行了合理的等值处理。实际应用表明，在大型电力系统中，两种方法所得出的机组检修计划基本一致，但是等备用法的计算工作量远远低于等风险度法。因此，本运行模拟模型中采用等备用法[17]对火电机组进行检修计划的安排。

等备用法的目标函数为使系统的净备用在全年各时段尽可能相等。

$$\max F = \left\{ \min_{1 \leqslant t \leqslant T} \{S_t^*\} \right\} \tag{3-37}$$

式中，T 为检修周期；S_t^* 为 t 时系统净备用。

基本的约束条件如下。

（1）检修时间约束：

$$T_i^- \leqslant t_i \leqslant T_i^+$$
$$T_i^+ - T_i^- + 1 \geqslant S_{i-1}, \quad i \in S \tag{3-38}$$

式中，T_i^-、T_i^+ 分别为机组 i 安排检修的时间间隔始末时段；S_{i-1} 为检修持续时间。

（2）检修场地约束：

$$n_{\mathrm{M}im} \leqslant n_{\mathrm{M}\max i} \tag{3-39}$$

式中，$n_{\mathrm{M}im}$、$n_{\mathrm{M}\max i}$ 分别为电站 i 水平年 m 月实际检修台数和同时安排检修机组台数约束。

本模型中以月为基本单位进行检修计划的安排，考虑到机组计划检修的实际情况和电力系统的实际规模，暂不考虑机组连续性约束。考虑到检修时间可能出现不是整月的情况，以月为单位，折算成检修台数进行安排，检修台数的计算公式如下：

$$\begin{cases} N_{\mathrm{M}i} = \mathrm{ceil}\left(\dfrac{n_{\mathrm{R}i}D_i + H_{i-1}}{30} \right) \\ H_i = n_{\mathrm{R}i}D_i + H_{i-1} - 30N_{\mathrm{M}i}, \quad H_0 = 0 \end{cases} \tag{3-40}$$

式中，ceil($\cdot$)表示向下取整；$N_{\mathrm{M}i}$ 为电站 i 水平年发电机组检修计划的台月数；H_i 为检修台月数取整后的余数。

火电站检修计划的具体步骤如下：

（1）计算电站 i 检修台月数 $N_{\mathrm{M}i}$；

（2）在满足约束条件的情况下，寻找净备用容量最大的月份 m 安排一台机组检修，并修正当前月份的净备用容量；

（3）判断当前电站的所有机组是否都已安排检修，若还有未安排检修的机组，则转至步骤（2），反之则转至步骤（1），进行下一个电站的检修计划安排。

2. 确定火电开机容量

利用火电需承担的各时段典型日负荷曲线，采用"先进后出"的平衡方法确定各火电站的各时段典型日的开机容量，计算步骤如下。

1）火电机组的投入（先进）——满足开机容量要求

首先投入只承担基荷部分的火电机组、核电机组；然后按照相应顺序投入常规调峰火电机组，机组相应的排序有以下原则：

（1）单位发电能耗较低的火电机组优先；

（2）单位发电能耗相同时，单机容量大的火电机组优先；

（3）单位发电能耗和单机容量均相同时，调峰能力强的火电机组优先。

2）火电机组开机容量的调整（后出），以满足系统调峰要求

$$\sum_{n=1}^{N} M(T,n) = Y(T,\max) + \text{Backup}$$

$$\sum_{n=1}^{N} (M(T,n)\min \text{clxs}(n)) \leqslant Y(T,\min)$$

（3-41）

在投入各火电站后，计算总技术最小出力，对约束条件（3-41）进行验证，若不满足则进行调整。式中 $M(T,n)$ 代表 T 时段内电站 n 的开机容量，$Y(T,\max)$ 代表 T 时段内系统负荷的最大峰值，Backup 代表系统内的总备用容量，$\min \text{clxs}(n)$ 代表电站 n 的最小技术出力系数。调整的原则如下：

（1）担任基荷的第一类机组不能被替换；

（2）按照之前确定的机组排序，让火电机组中有空闲且调峰性能较好的机组多开机，同时已开机且调峰性能差的火电退出等容量的开机；

（3）为了充分发挥调峰性能差但煤耗低的机组的作用，按投入的顺序调整，一旦满足约束条件（3-42），则不再调整。调整的具体步骤如下：

假定需要调整的技术最小出力为 QI，即

$$\text{QI} = \text{YMC} - Y_{\min}$$

（3-42）

式中，YMC 为调整前火电系统总的技术最小出力；$Y_{\min}$ 为典型日负荷的最小负荷值。按照先前确定的机组开机顺序，寻找到第 n 台火电机组，若该机组满足：

$$\min \text{clxs}(n) < \min \text{clxs}(m), \quad ZX(n) > 0$$

（3-43）

式中，m 为已开机电站中的某机组；ZX 代表机组的空闲容量。则按照相应顺序寻找已开机机组中调峰能力差一级的火电机组，计算相应调整后技术最小出力及开机容量的变化值，若满足：

$$QQ' = \min \text{clxs}(m)M(m) - \min \text{clxs}(n)ZX(n) > 0$$

$$\sum M - M(m) + ZX(n) \leqslant Y_{\max}$$

（3-44）

式中，M 为已开机机组单位装机容量；$Y_{\max}$ 为典型日最大负荷量。式（3-44）表明寻找到的两个机组间可以进行适当调整并将满足机组总开机容量的约束。

实际应当投入的机组容量及最小技术出力的减少量为

$$ZY = \text{ceil}(M(m)/M(n))M(n)$$

$$QQ = \min \text{clxs}(m)M(m) - \min \text{clxs}(n)ZY$$

（3-45）

若 $QQ \geqslant QI$ ，则调整完毕；若 $QQ < QI$ ，则 $QI = QI - QQ$ ，再继续按照上文方法进行调整。若按照机组顺序进行一遍调整后 QI 仍大于零，则说明系统的调峰能力不能满足，需要进行相应的弃风弃水操作。

3. 确定火电出力位置

在计算火电典型日负荷时刻出力时，将各种火电站经折算后的标准煤耗作为评价的技术经济指标，其具体模型如下：

（1）在典型日时刻的划分上，采用"纵向划分"与多时间尺度相结合的方法，将火电承担的典型日负荷图按具体的时间尺度划分为多个时刻。

（2）在逐时刻进行火电出力分配时，应按照时段煤耗最小的原则，对上文确定的机组出力顺序进行相应调整，优先让煤耗较小、调峰性能较差的机组出力，其具体步骤为：

①首先按照机组出力顺序，确定负荷低谷时刻 $t_{\min}$ 的各机组出力，并由低谷时刻 $t_{\min}$ 起向两边进行机组的出力优化。

②当两时刻间功率相差 ΔP 时，应按照确定的机组出力顺序，优先选择煤耗较小、爬坡能力差的机组增加出力或者煤耗较大、爬坡能力较好的机组减少出力。

所选择机组 n 的时刻间出力变化应满足：

$$0 \leqslant \Delta p(n) \leqslant M(n)\mathrm{po}(n)\tau \qquad (3\text{-}46)$$

式中，τ 为相应的时间尺度，po 为机组单位时间爬坡速率。若机组最大出力变化 $M(n)\mathrm{po}(n)\tau < \Delta P$ ，则 $\Delta p(n) = M(n)\mathrm{po}(n)\tau$ ，$\Delta P = \Delta P - \Delta p(n)$ ，按相应顺序继续进行出力的分配；若机组最大出力变化 $M(n)\mathrm{po}(n)\tau \geqslant \Delta P$ ，则 $\Delta P = 0$ ，$\Delta p(n) = \Delta P$ ，该时刻出力分配结束。

若所选择的机组时刻出力变化最大值之和仍小于 ΔP ，则应回到机组开机容量运行模拟环节中，按照相应顺序选择爬坡率较大的机组替换较差的，重新对机组的开机容量进行确定。

4. 火电站备用容量

系统总的旋转备用需求扣除水电站承担的系统备用，剩余部分则需由火电承担。根据确定出的火电站出力安排顺序的逆序，依次安排各电站承担系统各分区的备用容量，直到满足系统要求的备用容量位置。对于冷备用，则按照机组单机容量取整安排。

3.5 考虑风电出力不确定性的某电网调峰能力分析

3.5.1 计算分析条件

计算分析前，需要首先确定电网相关基础条件和风电装机及出力场景。

1. 基础条件

基础条件包括以下几点。

（1）计算水平年：2020 年。

（2）按丰水年参与平衡，已投各电站月平均出力参照实际运行情况考虑，规划（或在建）水电站按设计参数考虑。考虑该省水文历史特性，省内水电站被划分为若干个水电站群，水电站群作为一个整体参与平衡。

（3）系统事故备用系数按 8%考虑，负荷备用系数按 4%考虑。

（4）单机容量 30 万 kW 及以上煤电机组最小技术出力按不小于 50%考虑，单机容量 20 万 kW 级煤电机组最小技术出力按不小于 60%考虑。

（5）水电机组检修基本安排在 10 月至翌年 3 月，丰水期及夏季负荷高峰期间不安排检修；检修计划及检修备用根据介绍的算法自动安排。

2. 风电装机及出力场景

1）风电装机规模

根据该省规划目标，2020 年风电装机容量按 700 万 kW 考虑。

2）出力场景选取

场景 A：风电接入对电网调峰的影响最小，即 $\Delta Pv(k)$ 变化幅度小，在负荷低谷的时候风电出力为出力下限，而在负荷高峰的时候风电出力为出力上限，其他时刻风电出力不变。

场景 B：风电接入对电网调峰的影响最大，即 $\Delta Pv(k)$ 变化幅度大，在负荷低谷的时候风电出力为出力上限，而在负荷高峰的时候风电出力为出力下限，其他时刻风电出力不变。

场景 C：风电出力为估计值。

对于调峰的风电场景，其下限是风电场景 A，上限是风电场景 B，而风电正常场景为风电场景 C。

3.5.2　调峰分析结果

在风电出力预测置信度为 95%的条件下，调峰分析结果如表 3-3 和表 3-4 所示。从各表中结果可以看出，使用前文中风电预测方法得到的风电出力进行调峰分析，预计 2020 年 2 月份存在调峰能力不足风险，调峰不足容量位于 310.86～528.50MW，弃水电量位于 0.56～0.77GWh（弃水率 0.04%～0.05%），各月典型日弃电情况具体见表 3-5 和表 3-6。

不考虑风水联合运行的传统方法（即 3.2 节中提到的场景 D）调峰分析结果如表 3-7 和表 3-8 所示，弃水电量达到了 3.64GWh。由于在运行模拟时将风电的出力视为零，系统在调峰能力较差的 2 月份为了尽可能地消纳风电，将进行大量的弃水。

3.5.3　敏感性分析

对风电装机规模进行敏感性分析，设定风电装机容量从 0～9000MW 变化，步长为 250MW。在风电出力预测置信度为 95%的条件下，风电装机规模与弃电量之间的关系如图 3-13 所示。

表 3-3　风电出力预测置信度为 95% 的条件下风电出力场景 A 对应的调峰分析结果（单位：MW）

项目	1月	2月	3月	4月	5月	6月	7月	8月	9月	10月	11月	12月
系统最大负荷	38582.60	38409.00	39103.40	40231.80	41360.20	43226.40	43183.00	43400.00	42401.80	42271.60	41664.00	41230.00
系统最小负荷	21477.51	17878.94	20905.71	25724.35	25871.44	24934.03	27836.59	28352.18	27074.88	26369.01	23661.89	24824.46
系统原始峰谷差	17105.09	20530.06	18197.69	14507.45	15488.76	18292.37	15346.41	15047.82	15326.92	15902.59	18002.11	16405.54
修正后系统峰谷差	13257.57	17029.20	14952.61	10458.12	11626.17	15300.31	11929.95	10878.04	11595.40	12270.92	13785.82	11918.07
水电最大出力	6167.44	7324.92	8513.81	8520.44	9555.20	9637.26	9432.52	7802.58	7069.26	8665.26	8263.89	7090.42
水电最小出力	872.61	783.40	1549.94	2098.27	6173.60	5554.20	3209.99	2013.94	1089.21	1566.90	1126.15	967.23
水电调峰出力	5294.83	6541.52	6963.87	6422.17	3381.59	4083.06	6222.53	5788.64	5980.05	7098.36	7137.74	6123.20
火电最大出力	21803.18	20548.93	21261.34	21333.50	21951.83	23236.41	21512.40	21387.49	24040.84	23286.68	22086.66	20320.17
火电最小出力	13840.43	11681.25	13272.60	17297.55	13707.26	14419.17	15804.98	16298.09	18425.48	18114.13	15438.57	14525.30
火电调峰出力	7962.74	8867.68	7988.74	4035.95	8244.58	8817.25	5707.42	5089.40	5615.35	5172.56	6648.08	5794.87
火电调峰容量盈亏	1481.93	-310.86	1261.35	5135.05	1174.76	1207.92	3493.73	3955.59	4837.98	4951.63	2876.07	2887.80
系统调峰容量盈亏	2354.55	783.40	2811.29	7233.32	7348.36	6762.11	6703.72	5969.53	5927.19	6518.53	4002.22	3855.03

表 3-4　风电出力预测置信度为 95% 的条件下风电出力场景 B 对应的调峰分析结果（单位：MW）

项目	1月	2月	3月	4月	5月	6月	7月	8月	9月	10月	11月	12月
系统最大负荷	38582.60	38409.00	39103.40	40231.80	41360.20	43226.40	43183.00	43400.00	42401.80	42271.60	41664.00	41230.00
系统最小负荷	21477.51	17878.94	20905.71	25724.35	25871.44	24934.03	27836.59	28352.18	27074.88	26369.01	23661.89	24824.46
系统原始峰谷差	17105.09	20530.06	18197.69	14507.45	15488.76	18292.37	15346.41	15047.82	15326.92	15902.59	18002.11	16405.54
修正后系统峰谷差	13738.75	17547.66	15484.57	10771.38	11875.07	15706.07	12361.03	11138.50	12132.38	12749.38	14325.20	12312.41
水电最大出力	6321.87	7507.07	8513.81	8522.95	9555.20	9637.26	9432.52	7867.78	7247.96	8704.43	8263.89	7213.89
水电最小出力	872.61	638.27	1549.94	2096.83	6173.60	5548.50	3209.99	2013.94	1089.21	1566.90	1126.15	967.23
水电调峰出力	5449.26	6868.80	6963.87	6426.11	3381.59	4088.76	6222.53	5853.85	6158.75	7137.53	7137.74	6246.66
火电最大出力	21910.98	20667.61	21532.95	21431.23	21951.83	23424.96	21723.40	21439.63	24137.68	23487.54	22362.97	20395.31
火电最小出力	13621.49	11681.25	13012.25	17085.97	13458.36	14207.65	15584.90	16154.98	18164.05	17875.69	15175.52	14329.56
火电调峰出力	8289.49	8986.36	8520.70	4345.27	8493.48	9217.31	6138.50	5284.65	5973.63	5611.85	7187.45	6065.75
火电调峰容量盈亏	1142.99	-528.50	800.00	4923.47	925.86	846.20	3123.65	3812.48	4576.55	4588.19	2463.02	2542.06
系统调峰容量盈亏	2015.60	565.76	2349.94	7020.30	7099.46	6394.90	6333.64	5826.41	5665.76	6155.09	3589.17	3509.29

表 3-5　风电出力预测置信度为 95%的条件下风电出力场景 A 对应的各月典型日弃电情况

项目	1月	2月	3月	4月	5月	6月	7月	8月	9月	10月	11月	12月
弃水电量/GWh	0.00	0.56	0.00	0.00	0.00	0.00	0.00	0.00	0.00	0.00	0.00	0.00
弃风电量/GWh	0.00	0.00	0.00	0.00	0.00	0.00	0.00	0.00	0.00	0.00	0.00	0.00
弃水容量/MW	0.00	310.86	0.00	0.00	0.00	0.00	0.00	0.00	0.00	0.00	0.00	0.00
弃风容量/MW	0.00	0.00	0.00	0.00	0.00	0.00	0.00	0.00	0.00	0.00	0.00	0.00

表 3-6　风电出力预测置信度为 95%的条件下风电出力场景 B 对应的各月典型日弃电情况

项目	1月	2月	3月	4月	5月	6月	7月	8月	9月	10月	11月	12月
弃水电量/GWh	0.00	0.77	0.00	0.00	0.00	0.00	0.00	0.00	0.00	0.00	0.00	0.00
弃风电量/GWh	0.00	0.07	0.00	0.00	0.00	0.00	0.00	0.00	0.00	0.00	0.00	0.00
弃水容量/MW	0.00	455.99	0.00	0.00	0.00	0.00	0.00	0.00	0.00	0.00	0.00	0.00
弃风容量/MW	0.00	72.51	0.00	0.00	0.00	0.00	0.00	0.00	0.00	0.00	0.00	0.00

表 3-7　风电出力预测置信度为 95%的条件下风电出力场景 D 对应的调峰分析结果（单位：MW）

项目	1月	2月	3月	4月	5月	6月	7月	8月	9月	10月	11月	12月
系统最大负荷	38582.60	38409.00	39103.40	40231.80	41360.20	43226.40	43183.00	43400.00	42401.80	42271.60	41664.00	41230.00
系统最小负荷	21477.51	17878.94	20905.71	25724.35	25871.44	24934.03	27836.59	28352.18	27074.88	26369.01	23661.89	24824.46
系统原始峰谷差	17105.09	20530.06	18197.69	14507.45	15488.76	18292.37	15346.41	15047.82	15326.92	15902.59	18002.11	16405.54
修正后系统峰谷差	13498.16	17042.01	15218.59	10564.63	11750.62	15503.19	12145.49	11008.27	11863.89	12510.15	14055.51	12115.24
水电最大出力	6320.43	7447.47	8513.81	8542.61	9555.20	9637.26	9432.52	7873.76	7293.07	8704.43	8263.89	7155.41
水电最小出力	872.61	0.00	1549.94	2066.48	6173.60	5603.11	3209.99	2013.94	1089.21	1566.90	1126.15	967.23
水电调峰出力	5447.82	7447.47	6963.87	6476.12	3381.59	4034.15	6222.53	5859.82	6203.87	7137.53	7137.74	6188.18
火电最大出力	22015.25	20669.36	21397.14	21529.51	21951.83	23330.69	21617.90	21548.82	24278.61	23564.51	22224.81	20566.73
火电最小出力	13730.96	12602.25	13142.42	17160.69	13582.81	14261.64	15694.94	16226.53	18294.77	17994.91	15307.04	14427.43
火电调峰出力	8284.29	8067.11	8254.72	4368.82	8369.03	9069.04	5922.96	5322.29	5983.84	5569.60	6917.77	6139.30
火电调峰容量盈亏	700.46	0.00	150.17	4362.19	650.31	625.39	2483.69	3434.03	4227.27	4201.41	2069.54	2189.93
系统调峰容量盈亏	1573.07	0.00	1700.12	6490.81	6823.91	6228.51	5693.68	5447.97	5316.48	5768.31	3195.69	3157.16

表 3-8　风电出力预测置信度为 95%的条件下风电出力场景 D 对应的各月典型日弃电情况

项目	1 月	2 月	3 月	4 月	5 月	6 月
弃水电量/GWh	0.00	3.64	0.00	0.00	0.00	0.00
弃风电量/GWh	0.00	0.35	0.00	0.00	0.00	0.00
弃水容量/MW	0.00	1094.26	0.00	0.00	0.00	0.00
弃风容量/MW	0.00	216.24	0.00	0.00	0.00	0.00
项目	7 月	8 月	9 月	10 月	11 月	12 月
弃水电量/GWh	0.00	0.00	0.00	0.00	0.00	0.00
弃风电量/GWh	0.00	0.00	0.00	0.00	0.00	0.00
弃水容量/MW	0.00	0.00	0.00	0.00	0.00	0.00
弃风容量/MW	0.00	0.00	0.00	0.00	0.00	0.00

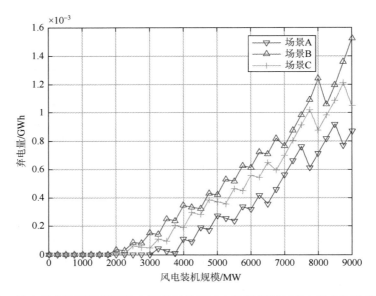

图 3-13　风电出力预测置信度为 95%的条件下风电装机规模与弃电量之间的关系曲线

　　进一步改变风电出力预测曲线的置信度,分析风电装机规模与弃电量之间的关系,分别取置信度为 85%、99%、99.9%,得出风电装机规模与弃电量之间的关系曲线如图 3-14～图 3-16 所示。可见,在不同的置信度下,风电的波动范围会随着置信度的增加而增大,从而风电装机规模与弃电量关系的波动范围随着风电出力预测曲线置信度的增加有着明显的增加。另外,可以发现,随着风电装机规模增加,虽然弃水电量总体呈上升趋势,但呈现出了一种锯齿形的波动,这主要是由风电的不同装机规模下,系统的火电开机容量不同导致的。

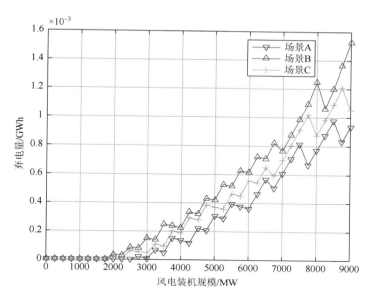

图 3-14　风电出力预测置信度为 85%的条件下风电装机规模与弃电量之间的关系曲线

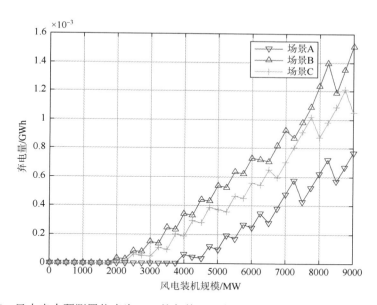

图 3-15　风电出力预测置信度为 99%的条件下风电装机规模与弃电量之间的关系曲线

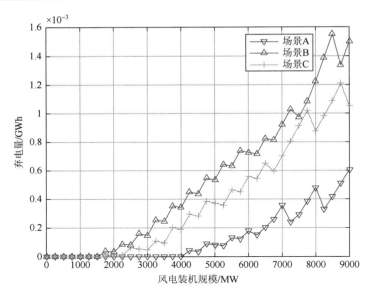

图 3-16　风电出力预测置信度为 99.9%的条件下风电装机规模与弃电量之间的关系曲线

参 考 文 献

[1]　孙荣富，张涛，梁吉. 电网接纳风电能力的评估及应用[J]. 电力系统自动化，2011，35（4）：70-76.

[2]　王芝茗，苏安龙，鲁顺. 基于电力平衡的辽宁电网接纳风电能力分析[J]. 电力系统自动化，2010，34（3）：86-90.

[3]　林卫星，文劲宇，艾小猛，等. 风电功率波动特性的概率分布研究[J]. 中国电机工程学报，2012，32（1）：38-46.

[4]　杨三根. 风电与水电联合调度问题研究[D]. 成都：电子科技大学，2015.

[5]　陈麒宇，Littler T，王海风，等. 风电水电协同运行计划的优化[J]. 中国电机工程学报，2014，34（34）：6074-6082.

[6]　胡泽春，丁华杰，孔涛. 风电-抽水蓄能联合日运行优化调度模型[J]. 电力系统自动化，2012，36（2）：36-41.

[7]　邹金，赖旭，汪宁渤. 以减少电网弃风为目标的风电与抽水蓄能协调运行[J]. 电网技术，2015，39（9）：2472-2477.

[8]　孙春顺，王耀南，李欣然. 水电-风电系统联合运行研究[J]. 太阳能学报，2009，30（2）：232-236.

[9]　黄春雷，丁杰，田国良，等. 大规模消纳风电的常规水电运行方式[J]. 电力系统自动化，2011，35（23）：37-40.

[10]　Ancona D F，Krau S，Lafrance G，et al. Operational constraints and economic benefits of wind-hydro hybrid systems analysis of systems in the U.S./Canada and Russia[C]. European Wind Energy Conference，Madrid，2003：1-8.

[11]　Liao G，Ming J，Wei B，et al. Wind power prediction errors model and algorithm based on non-parametric kernel density estimation[C]. The 5th International Conference on Electric Utility Deregulation and Restructuring and Power Technologies，2015：1864-1868.

[12]　静铁岩，吕泉，郭琳，等. 水电-风电系统日间联合调峰运行策略[J]. 电力系统自动化，2011，35（22）：97-104.

[13]　吕泉，王伟，韩水，等. 基于调峰能力分析的电网弃风情况评估方法[J]. 电网技术，2013，37（7）：1887-1894.

[14]　卢斯煜. 低碳经济下电力系统规划相关问题研究[D]. 武汉：华中科技大学，2014.

[15]　侯婷婷. 含大规模风电场的电力系统中长期运行模拟研究[D]. 武汉：华中科技大学，2012.

[16]　张节潭，王茂春，徐有蕊，等. 采用最小累积风险度法的含风电场电力系统发电机组检修计划[J]. 电网技术，2011，35（5）：97-102.

[17]　王建学，王锡凡，冯长有，等. 基于市场公平性的发电机组检修规划[J]. 电力系统自动化，2006，30（20）：15-20.

第4章　含风电电力系统的机组组合

4.1　引　　言

4.1.1　研究背景及意义

受制于风资源自身的特性，风电具有非常明显的随机性、波动性和间歇性，当风电大规模接入后，电力系统在安全稳定、电能质量、调峰调频等方面将面临巨大的挑战，其中调峰问题尤为突出。通过对比风电出力与负荷需求，可将风电的调峰效果分为正调峰、反调峰和过调峰三类[1]，其中反调峰对系统调峰影响最大。而大规模风电接入后，为了应对风电的不确定性，从客观上来说，需要一定规模调峰能力较强的电源与之协调。风电装机容量位居世界前列的丹麦，风电的大规模应用的背后是北欧电网大量的优质水电，保证了调峰的需求。风电装机规模一直处于快速增长的美国，具有大量较强调峰能力的燃气电厂，是风电高速发展的强力保障。而我国的装机结构主要以火电为主，具有较强调峰能力的电源装机容量明显不足。随着我国风电的大规模接入，电力系统的运行在满足负荷需求变化的基础之上，还要应对风电的出力不确定性，而风电的反调峰特性无疑会给系统的调峰增大难度。对于系统中处于运行状态的机组，其向下的极限可调出力若小于此时的风电并入容量，那么系统将很难达到供需平衡，最终导致频率越限甚至系统解列等问题。因此，研究含风电电力系统的机组组合问题、分析系统可用机组调峰容量，具有十分重要的意义。

机组组合问题可定义为在给定的调度计划周期（通常以一天为一个周期，即24h）内，根据预测的负荷需求及相对应的备用需求，以所有机组的发电成本总和最低为目标，在满足各项约束条件的前提下，合理地安排系统中可用机组的运行状态及相对应的出力。可以看出，机组组合问题主要分为两个阶段，第一阶段需要确定各时段各机组的启停状态；第二阶段在已知机组启停状态的基础之上，进一步确定开机机组的有功出力。机组的启停状态需要根据机组的出力大小进行相应的调整，而开机机组的有功出力也需要基于机组的启停状态进行优化，这两个阶段相互约束，相互影响。机组组合问题是一个混合整数非线性优化问题，随着系统可用机组数量的增加，以及约束条件的精细化，该优化问题的规模将会越来越大，问题的求解也会越来越困难。

大规模的风电接入之后，为保证安全可靠运行，电力系统需要预留更多的旋转备用容量以应对风电不确定性及反调峰特性。从技术角度上看，风电接入电网规模大小主要受风电特性与系统用电负荷特性、外送电规模大小、电源结构及其调节能力、运行方式、电网安稳评价及控制方法等因素的影响。风电的大规模消纳，最关键的是需要解决系统调峰面临的问题，这不仅取决于现有的系统结构，还需要制订合理的机组组合方案。优化的机组组合及调度方案能够使电力资源得到合理的开发利用[2]，组合与调度方案的合理制订对于电力系统经济性的提高及资源的合理利用都具有十分重大的意义。在包含大规模风电的电力系统中，深入研究风电接入对系统调峰的影响，制订合理的机组组合方案，不仅有利于扩大风电消纳规模、避免频繁弃风、提升风电利用率、缓解能源危机、减轻环境污染程度，还可促进我国国民经济友好、和谐、健康、高速发展。

4.1.2　国内外研究现状

1. 机组组合数学模型

在电力系统的规划与运行中，机组组合扮演着非常重要的角色。早在 19 世纪 40 年代，国内外的学者便开始了机组组合问题相关的研究。经济发展的突飞猛进使得全社会对电力的需求量猛增，但同时带来了环境污染等亟待解决的问题。科学技术的发展也使得更多形式的能源得以利用，使得机组组合问题的数学模型在这一发展进程中也相应地发生了变化。

1）传统机组组合模型

传统模式下的机组组合问题，其目标是追求系统发电的总煤耗最低，为了能够满足事先预测的负荷需求，在考虑一系列与机组本身和系统运行相关的约束条件的情况下，合理地制订系统中可用的机组启停计划以及相应的有功出力。由于系统中各发电机组的性能参数不尽相同，此时的机组组合问题需要完成两项主要内容：一是确定各机组的启停状态，根据相应时段的负荷和旋转备用的需求，选择综合性能较优的发电机组投入运行，而运行效率相对较低的机组则需要关停。二是运行机组的有功出力分配。基于已经确定好的机组启停状态，以经济性最优的原则合理分配各运行中机组的有功出力，使得在满足负荷需求的同时运行成本最低。

在传统的机组组合问题中，以运行费用最小为目标函数，该费用包含了启停费用和煤耗费用。相比于启动费用，停机的费用很小，通常将它并入启动费用中考虑。在运行费用的优化过程中，还需要满足各种约束条件。在实际运行中，若机组进行频繁的启停操作，不仅机组的寿命会受到很大影响，而且会损坏设备。因此，在机组组合方案的制订过程中，需要对机组的启停时间进行限制。机组在启动之前，必须要保持停机的时间称为最小停机时间。与之对应的，运行中的机组，在停机之前至少需要保持运行的时间称为最小运行时间。在有功出力的分配阶段，还需要考虑供需平衡、发电机组出力上下限、旋转备用、爬坡率等条件的限制。

2）电力市场下的机组组合模型

伴随着电力工业发展，电力的供应超过了用户的需求，为了使整个电力系统的发电效益达到最大，发电计划的制订由市场的竞价结果来决定[3]。

3）考虑有害气体排放的机组组合模型

生态环境的日趋恶化，使得火力发电站所排放的污染气体成为社会关注的焦点，以煤耗费用和污染气体排放达到综合最优作为最终的优化目标。

4）考虑新能源接入的机组组合模型

科技的发展以及化石燃料存量的日趋减少，促使清洁新能源得到了大规模的应用，其中风力发电的技术应用最为广泛。为了应对风电的间歇性、随机性、反调峰等特性给电力系统带来的诸多影响，相关学者研究了各种新的机组组合模型，这类模型的关键在于如何解决风电不确定性问题。

单纯地追求某一目标最优已经不能较为全面地描述机组组合问题，因此有学者结合上述模型中涉及的多个方面，建立了多目标机组组合模型。结合当前环境污染的社会焦点问题，较多学者研究了低碳电力下的多目标机组组合问题，建立了以运行费用、购电费用和有害气体排放量等为目标的多目标机组组合模型[4-7]，但是较少考虑系统调峰对机组启停方案的影响。

2. 电力系统调峰能力

电力系统的调峰能力主要取决于系统中各机组的类型和调节能力，此外，还与负荷需求、输电线路的传输容量等有关。风电大规模并网后，其出力的不确定性给电力系统的调峰能力带来了严峻的挑战。风电并入系统后，其随机性可能导致部分机组在某一时段停机，这一行为可能导致后续调度时段运行机组调峰能力不足，而停机机组没有足够的时间开机导致系统失负荷。另外，某些机组的开机可能会导致后续调度时段的在线机组过多且没有足够的时间停机，最终导致弃风。因此，在机组组合计划制订的过程中，若不能考虑系统的调峰能力，将会损失节能效益并造成巨大的经济损失。

4.2 负调峰能力与风电预测

4.2.1 常规机组的负调峰能力

1. 常规机组的负调峰特性

电力系统中的有功功率分配必须满足功率平衡的约束条件，即参与发电的所有机组的有功出力、网络损耗及负荷需求必须满足如式（4-1）所示的条件：

$$\sum_{i=1}^{N} I_{i,t} P_{i,t} - L_t - \Delta P_{\Sigma,t} = 0 \tag{4-1}$$

式中，t 表示调度时段；N 表示常规机组数目；$I_{i,t}$ 表示机组 i 在时段 t 的运行状态（1 表示运行，0 表示停机）；$P_{i,t}$ 表示机组 i 在时段 t 的出力；L_t 表示时段 t 的负荷需求；$\Delta P_{\Sigma,t}$ 表示网损。

不考虑网损时，式（4-1）可表示为

$$\sum_{i=1}^{N} I_{i,t} P_{i,t} - L_t = 0 \tag{4-2}$$

当风电接入系统后，有功功率平衡的约束条件可由式（4-3）表示：

$$\sum_{i=1}^{N} I_{i,t} P'_{i,t} - P_{W,t} - L_t = 0 \tag{4-3}$$

式中，$P'_{i,t}$ 表示在风电接入之后常规机组调整后的出力，$P_{W,t}$ 表示时段 t 的风电预测值。

在不考虑由于风电加入而引起系统损耗的前提下，由式（4-3）减去式（4-1），并进行移项，可得

$$\sum_{i=1}^{N} I_{i,t}P_{i,t} - \sum_{i=1}^{N} I_{i,t}P'_{i,t} = P_{\mathrm{W},t} \tag{4-4}$$

由式（4-4）可以看出，当风电接入系统之后，风电的发电量等于常规机组相对应的调整量，将其定义为常规机组的负调峰特性。

2. 负调峰能力模型

从前面的分析中可以看出，当大规模风电并入系统后，影响系统接纳风电能力的关键因素，在于可调常规机组能够通过下调出力为风电上网预留空间的大小。由于最小技术出力的限制，常规机组可下调的空间有限，则常规发电机组的极限下调容量 $\Delta P_{\max}$ 为

$$\Delta P_{\max} = \sum_{i=1}^{N} I_{i,t}P_{i,t} - \sum_{i=1}^{N} I_{i,t}P_{i,\min} \tag{4-5}$$

式中，$P_{i,\min}$ 表示机组 i 的最小技术出力。

将式（4-5）代入式（4-2）可得

$$\Delta P_{\max} = L_t - \sum_{i=1}^{N} I_{i,t}P_{i,\min} \tag{4-6}$$

即负荷需求与常规机组最小技术出力的差值。在负荷低谷时段，若常规机组最小技术出力接近负荷需求，则意味着可调机组的下调空间较小，预留给风电并网的空间极为有限。一旦低谷时刻风电大发，极有可能导致弃风。因此，在机组组合中考虑低谷时刻的负调峰能力，对于大规模风电并网后系统安全可靠地运行，显得尤为重要。进一步，本章将低谷时段负调峰电量总和 ΔW 作为机组组合的目标函数之一。因此，低谷时刻负调峰能力可由式（4-7）表示：

$$\Delta W = \sum_{t \in T_v} \left[L_t - \sum_{i=1}^{N} I_{i,t}P_{i,\min} \right] \tag{4-7}$$

式中，T_v 表示低谷时刻的时段数。

4.2.2　适用于机组组合的风电预测

大规模的风电并入电力系统之后，系统的安全、电能质量及电力的供需平衡将面临巨大的挑战。为了提高风电接入系统的比例，关键是对风电功率进行较为精准的预测。与此同时，整个系统的电力调度与资源配置也将与风功率的预测紧密相关。在机组组合的模型中，对风功率的处理方式主要有两种方法：一种是基于风功率点预测的方法，通过确定性的点预测，得到一条风功率曲线，以参与机组组合的安排，但是所得曲线中每一个时刻均为确定的点预测值，而该值在相应时刻发生的概率无法得知，也不能通过该值确定风电在相应时刻的波动范围；另一种是基于场景的风功率预测方法，首先选取一定的置信度，得到风电的波动区间，然后通过场景生成技术得到大量的风电出力场景，最后使用聚类等方

法对场景进行削减,得到具有代表性的风电场景,参与机组组合的优化。虽然在经济性上,基于场景的风功率预测方法要优于点预测,但是可能导致系统切负荷,严重影响系统的可靠性。而作为确定性预测的一种延伸,风电功率区间预测在给出确定风电功率预测值的同时,能够估计出相应的波动范围,针对经济性和可靠性的不同侧重点,决策者可选择不同的置信度以确定相应的风功率波动区间参与机组组合安排,因此本章选用风电区间预测的方法体现风电的波动性。

1. 基于非参数估计的风功率区间预测

预测风功率的波动区间,首先需要确定风功率的点预测,然后选定相应的置信度,最后通过风功率预测误差的概率密度函数,便能求取相应置信区间下的风电功率波动上下限,以及风功率的波动区间。定义风功率预测误差 e_W 如式(4-8)所示:

$$e_W = P_{W,real} - P_{W,pre} \tag{4-8}$$

式中,$P_{W,real}$ 表示风功率的实际出力值;$P_{W,pre}$ 表示风功率的预测值;e_W 表示某一时刻风功率的实际出力值与预测值之间的差值。

不同的功率水平下,风功率的预测误差有较大的区别。因此,有必要将风功率的预测值按照功率水平进行分类,划分为多个功率区间,分别对每一个区间的预测误差进行统计分析。风功率预测值的区间数 s 可由式(4-9)确定:

$$s = \frac{P_{W,max} - P_{W,min}}{\Delta P_W} + 1 \tag{4-9}$$

式中,$P_{W,max}$ 表示风功率的最大值;$P_{W,min}$ 表示风功率的最小值;ΔP_W 表示功率区间长度。

对于某一区间 S_i,可由式(4-10)表示:

$$S_i = [P_{W,min} + (i-1)\Delta P, P_{W,min} + i\Delta P], \quad i = 1, 2, \cdots, s \tag{4-10}$$

由式(4-10)所确定的区间(尤其是起始区间和终止区间)当中,其样本数可能较少,从而无法准确地反映风功率预测误差的实际分布规律,此时需要将相邻区间合并,直到新的区间样本数满足要求。

对于某一已划分好的区间 S_i,其风功率预测误差的概率密度函数可表示为

$$f(e_W) = \frac{\sum_{i=1}^{N} H\left(\frac{e_W - E_{W,i}}{w}\right)}{N \times w} \tag{4-11}$$

式中,e_W 表示风功率预测误差的样本,$f(e_W)$ 表示相应的概率密度函数,选取高斯核函数作为式(4-11)的核函数。

获取风功率的预测误差概率密度函数之后,对其积分得到对应的累积概率分布函数 $F(\xi)$,其中,ξ 表示风功率预测误差的随机变量,则风功率预测值 $P_{W,pre}$ 在置信概率 $1-\alpha$ 下的置信区间可由式(4-12)表示:

$$[P_{W,pre} + \hat{F}(\alpha_1), P_{W,pre} + \hat{F}(\alpha_2)] \tag{4-12}$$

式中,$\alpha_1 = \alpha/2$,$\alpha_2 = 1 - \alpha/2$,$\hat{F}(\cdot)$ 表示累积概率分布函数 $F(\xi)$ 的反函数。

综上所述,置信概率 $1-\alpha$ 下的风功率预测区间求取有以下步骤:

（1）找到预测值 $P_{W,pre}$ 所属风功率预测值区间 S_i，确定其预测误差概率密度曲线。

（2）使用三次样条插值法拟合曲线，确定风功率预测误差的分位点 α_1、α_2。

（3）使用式（4-12）计算得到该预测值波动区间。

2. 算例分析

风电数据选用比利时电网运营商 Elia 网站（www.elia.be）提供的 2014 年 1 月至 2015 年 12 月的历史风电预测和实测数据，为了方便数据处理，首先对风电数据进行标幺化处理，因此后文所涉及的风电数据均为标幺值。选取一条具有典型反调峰特性的风电出力曲线作为本章的研究对象，风功率相应的实测值与预测值如图 4-1 所示。

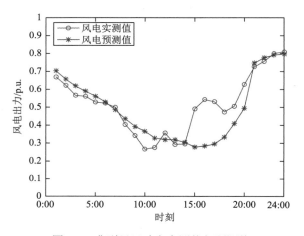

图 4-1　典型日风功率实测值与预测值

该典型日各时段相应的风功率预测误差如图 4-2 所示。由图中的误差分布可以看出，该典型日的风功率误差最大值超过了 25%，而最小值接近于 0，大部分的预测误差能够维持在 10% 以内。

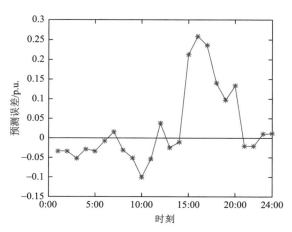

图 4-2　典型日风功率预测误差

　　图 4-3～图 4-6 为不同置信区间下的风功率波动区间。从图 4-3～图 4-6 可以看出，风功率的实际出力值没有完全被 70%、80% 和 90% 的预测区间包络，以置信度为 80% 的预测区间为例，从对应图 4-4 中相应时段的预测误差可以看出，实测值超出预测区间的时段其预测误差都超过了 10%，充分说明了风电的随机性，以及目前对风功率预测尚未达到一个较为精准的水平。对比图 4-3～图 4-6 中的预测区间可以看出，随着置信水平的增加，预测区间的宽度也相应地扩大，即表明该区间包含真实风电出力的可能性变大。

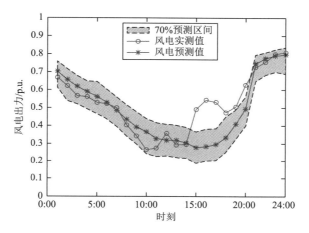

图 4-3　典型日风功率 70% 预测区间

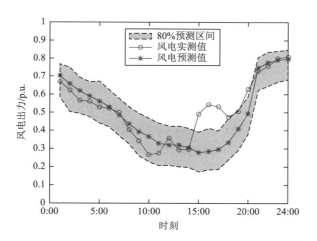

图 4-4　典型日风功率 80% 预测区间

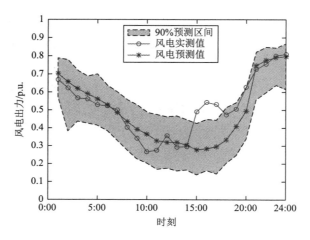

图 4-5　典型日风功率 90%预测区间

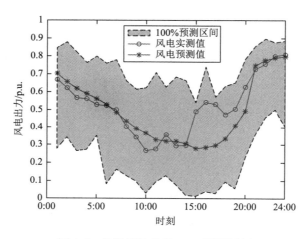

图 4-6　典型日风功率 100%预测区间

4.3　机组组合建模

4.3.1　传统单目标机组组合模型

1. 目标函数

传统的机组组合是指在指定的时间段，在满足各类约束条件的前提下，制订参与发电的各机组的启停及出力计划，使得整个系统的运行费用最小。其目标函数可表示为

$$\min : T_{\mathrm{F}} = \sum_{t=1}^{T}\sum_{i=1}^{N}[I_{i,t}F(P_{i,t}) + I_{i,t}(1 - I_{i,t})S_{i,t}] \tag{4-13}$$

式中，$F(P_{i,t})$表示机组煤耗费用，如式（4-14）所示；$S_{i,t}$表示启动费用，采用分段线性表达式，将其分为热启动费用和冷启动费用[8]，如式（4-16）所示；T表示调度周期；$P_{i,t}$表示机组 i 在时段 t 的有功出力。

对于火电机组，煤耗费用 $F(P_{i,t})$ 是指机组在运行中消耗燃料所产生的费用，通过对机组运行的数据进行拟合，可得到一个二次函数，如式（4-14）所示：

$$F(P_{i,t}) = a_i P_{i,t}^2 + b_i P_{i,t} + c_i \tag{4-14}$$

式中，a_i、b_i、c_i 分别表示煤耗参数。

启动费用是指机组在开启过程中，额外消耗的燃料费用。机组在停机过程中消耗的燃料相对于启动过程来说，会小很多。此外，大部分在当前周期停机的机组会在下一个周期有启动的需求，因此常将其合并到启动耗量中。机组在启动过程中消耗的燃料与停机的时间有密切关系，长时间的停机会使得机组的散热量增多，当需要再次启动时，燃料的消耗相对应地也会增多[9]。机组启动费用可由式（4-15）表示：

$$S_{i,t} = \lambda_i + \mu_i [1 - \exp(-T_{\text{off},i,t}/\tau_i)] \tag{4-15}$$

式中，λ_i、μ_i 分别表示机组 i 的启动煤耗常数；$T_{\text{off},i,t}$ 表示机组 i 在时段 t 已经停运的时间；τ_i 表示机组的冷却时间常数。

在实际计算中，因最小运行时间对机组运行的约束，可以将启动过程中的燃料消耗简化为一个常数，根据机组停机时间的长短，可将其分为热启动费用和冷启动费用[8]，如式（4-16）所示：

$$S_{i,t} = \begin{cases} S_{\text{H},t}, & M_{\text{off},i} \leqslant T_{\text{off},i,t} \leqslant M_{\text{off},i} + T_{\text{C},i} \\ S_{\text{C},t}, & T_{\text{off},i,t} > M_{\text{off},i} + T_{\text{C},i} \end{cases} \tag{4-16}$$

式中，$S_{\text{H},t}$、$S_{\text{C},t}$ 分别表示机组热启动费用和冷启动费用；$M_{\text{off},i}$ 表示机组 i 最小停机时间；$T_{\text{off},i,t}$ 表示机组 i 在时段 t 已停机的时段数；$T_{\text{C},i}$ 表示冷启动时间。

2. 约束条件

（1）功率平衡约束：

$$\sum_{i=1}^{N} I_{i,t} P_{i,t} - L_t = 0 \tag{4-17}$$

（2）旋转备用约束。旋转备用是指运行中的发电机组最大出力与系统负荷需求的差值。预留足够的旋转备用是为了保证系统的可靠性，虽然从系统可靠性的角度来看，预留较多的旋转备用能够提高系统的可靠性，但是为了使系统能够运行在一个较为经济的水平，旋转备用的预留不应过多。

$$\sum_{i=1}^{N} I_{i,t} P_{i,\max} \geqslant L_t + R_t \tag{4-18}$$

式中，$P_{i,\max}$ 表示机组 i 的最大出力；R_t 表示时段 t 的旋转备用需求。

（3）机组出力上下限约束。每台机组的出力都有一定的限制，上限一般指机组的额定出力，下限一般指系统的最小技术出力。

$$P_{i,\min} \leqslant P_{i,t} \leqslant P_{i,\max} \tag{4-19}$$

（4）开停机时间约束。停运中的机组一旦启动，则必须在一定时间段内保持运行状态；而运行中的机组一旦停机，则将在一定的时间段内保持停机状态。

开机时间约束：

$$T_{\text{on},i,t} \geqslant M_{\text{on},i} \qquad (4\text{-}20)$$

停机时间约束：

$$T_{\text{off},i,t} \geqslant M_{\text{off},i} \qquad (4\text{-}21)$$

式中，$M_{\text{on},i}$ 表示机组 i 的最小开机时间，$T_{\text{on},i,t}$ 表示机组 i 在时段 t 已经运行的时间。

（5）爬坡约束。在单位时间内，机组增加或减少的出力的能力是有限的，该约束与机组在相应时段的实际出力值有关，属于动态约束问题，这也是求解机组组合问题中难以处理的约束之一。

当机组需要增加出力时：

$$P_{i,t} - P_{i,t-1} \leqslant P_{\text{up},i} \qquad (4\text{-}22)$$

当机组需要减少出力时：

$$P_{i,t-1} - P_{i,t} \leqslant P_{\text{down},i} \qquad (4\text{-}23)$$

式中，$P_{\text{up},i}$ 表示机组 i 的最大上升功率；$P_{\text{down},i}$ 表示机组 i 的最大下降功率。

3. 模型的线性化

前文所述的机组组合模型为一个混合整数非线性化优化问题，标准的非线性规划方法难以对其求解，因此往往需要进行线性化处理[10]，然后使用 CPLEX 等较为成熟的商业软件进行求解。

对于式（4-14）所示的煤耗费用，可以近似地用如图 4-7 所示的一组分段块表示。在实际应用中，如果分段块足够多，那么图 4-7 所示的分段线性函数就可以等效于式（4-14）所示的非线性模型。这种线性近似可表示为

$$F(P_{i,t}) = A_i I_{i,t} + \sum_{l=1}^{N_{\text{L}}} k_{l,i} \delta_{l,i,t} \qquad (4\text{-}24)$$

$$A_i = a_i P_{i,\min}^2 + b_i P_{i,\min} + c_i \qquad (4\text{-}25)$$

$$P_{i,t} = \sum_{l=1}^{N_{\text{L}}} \delta_{l,i,t} + P_{i,\min} I_{i,t} \qquad (4\text{-}26)$$

$$\delta_{l,i,t} \leqslant P_{\text{S},l,i} - P_{i,\min} \qquad (4\text{-}27)$$

$$\delta_{l,i,t} \leqslant P_{\text{S},l,i} - P_{\text{S},l-1,i} \qquad (4\text{-}28)$$

$$\delta_{N_{\text{L}},i,t} \leqslant P_{i,\max} - P_{\text{S},N_{\text{L}}-1,i} \qquad (4\text{-}29)$$

$$\delta_{l,i,t} \geqslant 0 \qquad (4\text{-}30)$$

式中，A_i 表示机组 i 的煤耗费用基础值；$k_{l,i}$ 表示机组 i 第 l 段分段煤耗费用曲线斜率；$\delta_{l,i,t}$ 表示机组 i 在时段 t 时分段 l 的出力值；$P_{\text{S},l,i}$ 表示机组 i 第 l 段分段煤耗费用曲线的上限值。与之对应的，约束条件也需要做出相应的调整。

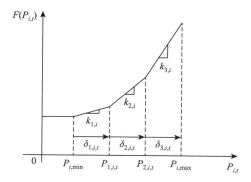

图 4-7 煤耗费用曲线的线性化示意图

出力上下限约束可由式（4-31）表示：

$$P_{i,\min}I_{i,t} \leqslant P_{i,t} \leqslant P_{\mathrm{Te},i,t} \tag{4-31}$$

$$0 \leqslant P_{\mathrm{Te},i,t} \leqslant P_{i,\max}I_{i,t} \tag{4-32}$$

式中，$P_{\mathrm{Te},i,t}$ 表示机组 i 在时段 t 可能的最大出力，由于爬坡约束的限制，该变量的值不一定等于机组的最大出力 $P_{i,\max}$。

爬坡上限约束可由式（4-33）表示：

$$P_{\mathrm{Te},i,t} \leqslant P_{i,t-1} + P_{\mathrm{up},i}I_{i,t} + P_{i,\max}(1-I_{i,t}) \tag{4-33}$$

爬坡下限约束可由式（4-34）表示：

$$P_{i,t-1} - P_{i,t} \leqslant P_{\mathrm{down},i}I_{i,t} + P_{i,\max}(1-I_{i,t-1}) \tag{4-34}$$

最小开机时间约束可由式（4-35）表示：

$$\sum_{t=1}^{M_{\mathrm{ini,on},i}}(1-I_{i,t}) = 0 \tag{4-35}$$

$$\sum_{n=k}^{k+M_{\mathrm{on},i}-1}I_{i,n} \geqslant M_{\mathrm{on},i}(I_{i,t}-I_{i,t-1}), \quad \forall k = M_{\mathrm{ini,on},i}+1,\cdots,T-M_{\mathrm{on},i}+1 \tag{4-36}$$

$$\sum_{n=k}^{T}[I_{i,n}-(I_{i,t}-I_{i,t-1})] \geqslant 0, \quad \forall k = T-M_{\mathrm{on},t}+2,\cdots,T \tag{4-37}$$

式中，$M_{\mathrm{ini,on},i}$ 表示机组 i 在初始时段时必须保持开机的时段数，可由式（4-38）表示。其中，$T_{\mathrm{on},i,0}$ 表示机组 i 在第一个时段之前已经开机的时段数，$I_{i,0}$ 表示机组 i 的初始状态。

$$M_{\mathrm{ini,on},i} = \min[T,(M_{\mathrm{on},i}-T_{\mathrm{on},i,0})I_{i,0}] \tag{4-38}$$

式（4-35）所表达的约束与机组的初始状态相关，式（4-36）所表达的约束用于满足机组在调度周期内的最小开机时间约束，式（4-37）所表达的约束说明如果机组在 $M_{\mathrm{on},i-1}$ 时段开机，那么该机组将保持开机到调度周期的最后一个时段。

类似地，最小停机时间约束可表示为

$$\sum_{t=1}^{M_{\mathrm{ini,off},i}}I_{i,t} = 0 \tag{4-39}$$

$$\sum_{n=k}^{k+M_{\text{off},i}-1}(1-I_{i,n}) \geqslant M_{\text{off},i}(I_{i,t-1}-I_{i,t}), \quad \forall k=M_{\text{ini,off},i}+1,\cdots,T-M_{\text{off},i}+1 \quad （4-40）$$

$$\sum_{n=k}^{T}[1-I_{i,n}-(I_{i,t-1}-I_{i,t})] \geqslant 0, \quad \forall k=T-M_{\text{off},t}+2,\cdots,T \quad （4-41）$$

式中，$M_{\text{ini,off},i}$ 表示机组 i 在初始时段时必须保持停机的时段数，可由式（4-42）表示。其中，$T_{\text{off},i,0}$ 表示机组 i 在第一个时段之前已经停机的时段数。

$$M_{\text{ini,off},i}=\min[T,(M_{\text{off},i}-T_{\text{off},i,0})(1-I_{i,0})] \quad （4-42）$$

该线性化方法的最大优点是仅需要单一的 0-1 变量 $I_{i,t}$，且提供了较精准的爬坡约束模型。

4.3.2　多目标机组组合模型

1. 处理风电波动性的方法

在多目标机组组合优化中，风电波动性的处理主要由以下两个阶段实现。第一阶段：使用确定性风电预测值参与机组组合多目标优化，得到 Pareto 前沿。第二阶段：结合不同置信度的预测区间，对 Pareto 前沿中的各方案进行评估。将 Pareto 前沿中所有机组组合方案作为备选方案，决策者根据实际情况选定可接受的风电预测区间，基于预测区间上限，从备选方案中选取各时刻负调峰容量均大于且最接近风电预测区间上限的方案，作为最终的推荐方案，表示为

$$\min(A_{g,t}-B_{j,t}) \quad （4-43）$$

$$B_{j,t} \leqslant A_{g,t}, \quad j \in J, g \in G, t \in T \quad （4-44）$$

式中，$A_{g,t}$ 表示备选方案 g 在时段 t 的负调峰容量；$B_{j,t}$ 表示置信度为 j 的预测区间在时段 t 的上限值。

2. 考虑风电接入和负调峰能力的机组组合建模

本章建立的多目标机组组合模型，在考虑传统机组组合运行费用 T_{F} 的同时，将低谷时刻负调峰能力 ΔW 作为目标函数之一。因此，构建如下多目标机组组合目标函数：

$$\min : T_{\text{F}}=\sum_{t=1}^{T}\sum_{i=1}^{N}[I_{i,t}F(P_{i,t})+I_{i,t}(1-I_{i,t})S_{i,t}]$$

$$\max : \Delta W=\sum_{t \in T_{\text{v}}}\left[L_{\text{np},t}-\sum_{i=1}^{N}I_{i,t}P_{i,\min}\right] \quad （4-45）$$

式中，$L_{\text{np},t}$ 表示扣除确定性的风电预测值之后的负荷需求。

风电作为清洁能源，优先考虑其全额消纳，因此目标函数中仅考虑火电的发电成本。由前文中所述的风电波动性处理方法可知，在第一阶段的机组组合模型中使用确定性的风电预测值参与机组组合，且优先考虑其全额消纳。根据前文对负调峰能力的定义，此处的负荷需求应扣除确定性的风电预测值。

由于风电的接入，系统的功率平衡约束和旋转备用约束需要作出相应的改变，如式（4-46）和式（4-47）所示：

$$\sum_{i=1}^{N} I_{i,t} P_{i,t} + P_{W,t} - L_t = 0 \tag{4-46}$$

$$\sum_{i=1}^{N} I_{i,t} P_{i,\max} + P_{W,t} \geqslant L_t + R_t \tag{4-47}$$

4.4　多目标机组组合优化求解方法

4.4.1　多目标优化问题概述

为了保证系统的经济性和可靠性，在考虑运行费用的同时，还需要考虑系统接纳风电的能力，在本章中以常规机组的负调峰能力来体现，这种需要同时使两个及以上目标达到最优的问题被称为多目标优化问题，这类问题需要在不同的目标之间进行平衡，在满足约束条件的前提下得到合理的结果。由于不同目标之间的相互冲突，多目标优化问题与单目标优化问题的最大区别在于该问题没有绝对的最优结果，使得不同目标同时获得理想的最优解。其中某一个目标的优化必然要将另一个目标的劣化作为代价。因此，多目标优化问题的结果为一个最优解的集合，称为 Pareto 最优解集。与之对应的，由各目标函数值组成的集合，称为 Pareto 前沿。

假设各单目标均为极小化问题，则多目标优化问题的目标函数可由式（4-48）表示：

$$\min f(x) = [f_1(x), f_2(x), \cdots, f_n(x)] \tag{4-48}$$

约束条件与单目标相同，包含等式约束和不等式约束。对于 Pareto 最优解的概念由意大利经济学家维尔弗雷多·帕累托（Vilfredo Pareto）提出，并有如下的定义[11]：

定义 1　若 $f_i(x) \leqslant f_i(y), \forall i \in \{1, 2, \cdots, n\}$，且 $f_i(x) < f_i(y), \exists i \in \{1, 2, \cdots, n\}$，则称 x 支配 y，记作 $x \prec y$。

定义 2　对于可行解 $x \in R^D$，不存在任何可行解 $y \in R^D$，满足 $y \prec x$，则称 x 为 Pareto 最优解，所有 Pareto 最优解的集合称为 Pareto 最优解集或 Pareto 最优前沿。

由上述定义可知，在 Pareto 最优前沿之外的解均不会支配 Pareto 最优前沿中的解，它们均是非支配解。相对于其他解来说，最优前沿中的解能够为决策者提供较为优化的选择。

4.4.2　多目标优化问题求解方法

本节研究两种优化求解方法，分别是基于离散粒子群和预测校正内点法（discrete particle swarm optimization-predictor corrector interior point method，DPSO-PCIPM）的层级优化方法和基于归一化法线约束（normalized normal constraint，NNC）方法。

1. 基于 DPSO-PCIPM 的层级优化求解方法

本书第 2 章已对粒子群优化算法[12]进行了介绍，这里不再赘述。但第 2 章的粒子群优化算法只适用于连续变量。为解决离散变量相关的问题，学者又进一步提出了离散粒子群优化（discrete particle swarm optimization，DPSO）算法，通过对 0-1 变量概率的调整来改变粒子的位置。位置的更新公式改由式（4-49）与式（4-50）确定：

$$S(v_{i,d}(k)) = \frac{1}{1+\exp(-v_{i,d}(k))} \tag{4-49}$$

$$x_{i,d} = \begin{cases} 1, & r_3 < S(v_{i,d}(k)) \\ 0, & \text{其他} \end{cases} \tag{4-50}$$

机组组合模型中的变量包含代表机组启停状态的 0-1 离散变量，以及每台机组有功出力的连续变量，是一个复杂的动态、有约束的非线性规划问题，因此可使用离散粒子群优化算法来确定机组的启停状态。

内点法的核心思想是把初始解选定在可行域的内部，通过设置障碍函数，使迭代值保持在可行域中，随着障碍因子的逐渐减小，算法将收敛于原问题的极值解。原对偶内点法在传统内点法的基础之上，通过引入松弛变量，将问题的不等式约束转换为等式约束，然后使用拉格朗日乘子法整合目标函数与等式约束，导出 KKT 条件，最后使用牛顿-拉夫逊法求解。该方法的向心参数值在迭代过程中为定值，预测校正内点法根据仿射方向上对偶间隙的改变情况，动态地估计每次迭代过程中向心参数最佳值，再根据互补松弛条件的特性，将校正机制引入迭代过程中，可以加速算法的收敛速度。回归到本章的机组组合问题，若提前确定好机组在各调度时段的启停状态，则剩余的优化变量仅为机组的出力，可作为一个仅包含连续变量的优化问题处理。如前文所述，使用预测校正内点法[13]求解该问题，可以得到较优的结果。

常规的粒子群优化算法适用于单目标优化问题，多目标优化问题无法直接使用，目前已有较多学者对多目标粒子群优化算法进行了深入的研究，文献[14]使用外部精英集收集多目标问题中的非支配解，本章借鉴该方法，给出了 DPSO-PCIPM 多目标层级求解方法。在第一层，使用离散粒子群优化算法确定机组启停状态。此时，待解变量为机组出力，为一个仅有连续变量的优化问题，因此在第二层中，使用预测校正内点法确定每个时段所开机组的出力分配。非支配解集在迭代过程中更新并确定，直到迭代结束，获得 Pareto 前沿。

第一层的算法流程如图 4-8 所示，其具体步骤如下：

（1）初始化粒子群的位置和速度，每一个粒子为 $N \times T$ 矩阵，表示各机组各时段的启停状态。

（2）根据多目标模型中的旋转备用约束、机组启停时间约束，采用启发式规则对生成的粒子进行修正[15]，以满足上述约束条件，优化种群质量。

（3）对每一个粒子的每一个时刻，首先根据前一时刻机组的出力值，结合各机组的最大上升功率和最大下降功率，修正该时刻机组的出力上下限，以满足机组的爬坡约束，然后使用预测校正内点法确定该时刻各机组的出力。

（4）将所得结果代入目标函数中，计算各粒子的适应度值。

（5）对种群中所有粒子进行评价，更新各粒子和全局的最优位置和最优适应度值。确定当前种群的非支配解，并将其加入外部档案中。

（6）更新粒子的位置和速度，并判断迭代次数是否超过最大迭代次数，若没有超过，则返回步骤（2）；反之，则算法停止，得到 Pareto 前沿。

第二层算法的流程如图 4-9 所示，其具体步骤如下：

（1）根据目标函数，功率平衡约束和经爬坡约束修正后的机组出力上下限约束，得到预测校正内点法模型，根据牛顿-拉夫逊法得到修正方程。

（2）初始化参数，给原始变量及拉格朗日乘子赋初值。

（3）计算互补间隙，如果互补间隙满足设定的精度值，则算法终止，输出结果，反之，进入步骤（4）。

（4）预测。求解修正方程，得到仿射方向的修正量，进一步计算得出仿射方向上的迭代步长以及互补间隙。

（5）动态估计中心参数，计算得出扰动因子。

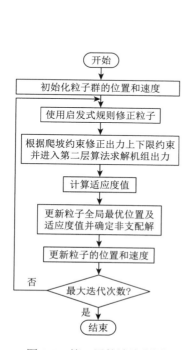

图 4-8　第一层算法流程图

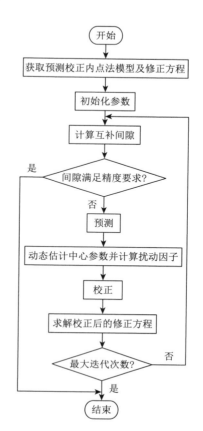

图 4-9　第二层算法流程图

（6）校正。根据仿射方向上的修正量对互补松弛条件进行修正。

（7）求解校正后的修正方程，得到校正后的修正量，进一步计算得出迭代步长，更新原始变量及拉格朗日乘子，转至步骤（3）。

2. 基于 NNC 的优化求解方法

NNC[16]是一种能够获得均匀分布 Pareto 前沿的多目标优化方法，通过将其中一个目标函数转换为约束条件，减小多目标优化问题的可行域，将多目标优化问题变为单目标优化问题，从而较为方便地求解并获得分布均匀的 Pareto 最优前沿。

以式（4-51）所示的两目标问题为例，简单地介绍 NNC 的求解原理。

$$\min\{f_1(x), f_2(x)\} \tag{4-51}$$

图 4-10 为常规的非归一化空间内的两目标优化问题的可行域及其 Pareto 前沿，目标值 f_1、f_2 分别对应横轴与纵轴，令 x_1 表示目标 f_1 取极小值时所得的最优解，x_2 表示目标 f_2 取极小值时所得的最优解，则 $U[f_1(x_1), f_2(x_2)]$ 称为乌托邦点，$M_1[f_1(x_1), f_2(x_1)]$、$M_2[f_1(x_2), f_2(x_2)]$ 称为锚点，即单目标取最优时，所对应的优化解，分布在 Pareto 前沿的两个极端。

图 4-11 为归一化后的可行域及其 Pareto 最优前沿。经过归一化后，乌托邦点为图中的原点，从图中可以看出，在归一化后的多目标空间中，两个锚点距离乌托邦点均为一个单位的距离。连接两个锚点，所得的线段称为乌托邦线。对乌托邦线进行 $N-1$ 等分，则能得到 N 个点。在乌托邦线上，选择其中的一个等分点作垂线，便能构建出新的可行域。在新的可行域中，仅需要对其中的一个目标求极小值，便能得到 Pareto 前沿中的一个最优点。

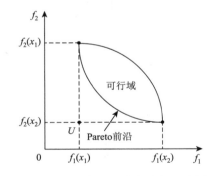

图 4-10　两目标问题的解空间示意图

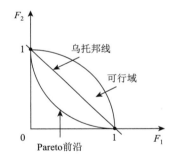

图 4-11　归一化后的两目标问题解空间示意图

结合本章的多目标模型，NNC 求解的具体步骤如下。

1）获取锚点

由于目标函数 ΔW 为极大值问题，为了便于计算，在求解过程中取其负数 ΔW_F，转换为极小值问题。分别求取单目标 T_F 和 ΔW_F 的最优解 $F_{TF}(x_{TF}, y_{TF})$，$F_{\Delta WF}(x_{\Delta WF}, y_{\Delta WF})$。其中，$x_{TF}$、$y_{TF}$ 分别表示以单目标 T_F 最优时，目标函数 T_F 和 ΔW_F 对应的数值；类似地，$x_{\Delta WF}$、$y_{\Delta WF}$ 分别表示以单目标 ΔW_F 最优时，目标函数 T_F 和 ΔW_F 对应的数值。

对于第二个目标函数低谷时刻负调峰能力 ΔW，由于没有机组成本函数的要求和限制，单独求解该目标最优值时，运行费用 T_F 可能对应多解。因此，需要进一步求取在 ΔW_F 已知的情况下（即添加等式约束 $\Delta W_{\mathrm{F}} = y_{\Delta \mathrm{WF}}$），以 T_{F} 为目标函数的最优值，作为最终的锚点 $F_{\Delta \mathrm{WF}}$。

2）归一化

定义乌托邦原点为 $F_{\mathrm{O}}(x_{\mathrm{TF}}, y_{\Delta \mathrm{WF}})$。定义 l_1、l_2 如式（4-52）所示，则归一化计算公式如式（4-53）所示：

$$\begin{cases} l_1 = x_{\mathrm{TF}} - x_{\Delta \mathrm{WF}} \\ l_2 = y_{\Delta \mathrm{WF}} - y_{\mathrm{TF}} \end{cases} \tag{4-52}$$

$$F = \left(\frac{x - x_{\Delta \mathrm{WF}}}{l_1}, \frac{y - y_{\mathrm{TF}}}{l_2} \right) \tag{4-53}$$

式中，l_1、l_2 分别表示单目标最优解 F_{TF} 与 $F_{\Delta \mathrm{WF}}$ 的横、纵轴距离；x、y 分别表示待归一化点的实际值；F 表示非支配解归一化后的坐标点。

3）乌托邦向量

定义乌托邦向量 U 的方向为由 $F_{\mathrm{TF}}(x_{\mathrm{TF}}, y_{\mathrm{TF}})$ 指向 $F_{\Delta \mathrm{W}}(x_{\Delta \mathrm{W}}, y_{\Delta \mathrm{WF}})$，如式（4-54）所示：

$$U = (x_{\Delta \mathrm{WF}} - x_{\mathrm{TF}}, y_{\Delta \mathrm{WF}} - y_{\mathrm{TF}}) \tag{4-54}$$

4）乌托邦等分点

将乌托邦线划分为 K 个均匀分布的等分点，则等分点的坐标可表示为

$$X = \left[\left(1 - \frac{k}{K} \right) F_{\mathrm{TF}}, \frac{k}{K} F_{\Delta \mathrm{WF}} \right], \quad k \in \{1, 2, \cdots, K\} \tag{4-55}$$

5）求取 Pareto 点

以 T_{F} 最小为目标函数，增加如式（4-56）所示的约束条件，得到新的单目标模型：

$$U(F - X) \leqslant 0 \tag{4-56}$$

多目标求解方法流程如图 4-12 所示，约束条件（4-56）的引入，使得原单目标模型的解空间变为图 4-13 阴影部分。对每一个等分点，求解该模型便能得到 Pareto 前沿上的一个点。

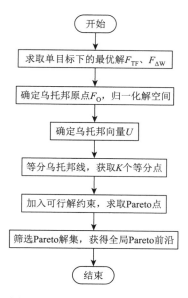

图 4-12 多目标求解方法流程图

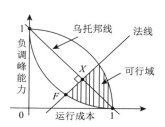

图 4-13 NNC 求解示意图

6）确定全局 Pareto 前沿

对于非凸问题，分段求解后，有可能会出现局部最优解，需要对所得的 Pareto 解集进行筛选，以获得全局 Pareto 前沿，将归一化的 Pareto 前沿中的数值转换为目标函数的实际值。

3. 两种优化方法的对比

为了测试上述两种方法的性能，选用典型的 10 机系统[17]。系统旋转备用为负荷需求的 10%，暂不考虑风电的接入及火电机组的爬坡约束，在 MATLAB 平台上进行仿真。选取时段 1:00～6:00、22:00～24:00 作为本次测试的低谷时段。其中 NNC 使用 4.3.1 节介绍的线性化模型，通过在 MATLAB 平台中建模并调用商用软件 CPLEX 进行求解，等分点为 60 个。仿真结果如表 4-1 和图 4-14 所示。

表 4-1　两种优化方法单目标最优结果

优化方法	运行成本最优		负调峰能力最优	
	运行成本/美元	负调峰电量/MWh	运行成本/美元	负调峰电量/MWh
NNC	563949	5200	586506	5795
DPSO-PCIPM	563938	5200	565722	5240

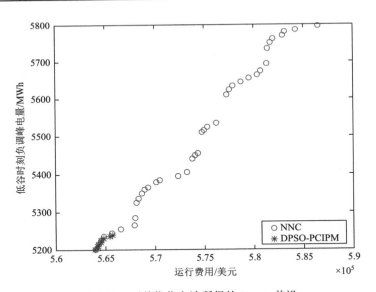

图 4-14　两种优化方法所得的 Pareto 前沿

从表 4-1 中相关的数据可以看出，使用 DPSO-PCIPM 优化方法所得的运行成本最优值为 563938 美元，与现有文献[8]中的最优值相同，说明了该方法的有效性。NNC 的运行成本最优值为 563949 美元，略高于前述方法。但是两种方法所得的机组组合方案以及各时段的有功出力值均相同，如表 4-2 和表 4-3 中的数据所示，运行成本最优的差别在于 NNC 对模型进行了线性化处理，使得煤耗曲线与实际值产生偏差，与前述方法最优值的误

表 4-2　运行成本最优时机组启停状态

时刻	1:00	2:00	3:00	4:00	5:00	6:00	7:00	8:00	9:00	10:00	11:00	12:00	13:00	14:00	15:00	16:00	17:00	18:00	19:00	20:00	21:00	22:00	23:00	24:00
1	1	1	1	1	1	1	1	1	1	1	1	1	1	1	1	1	1	1	1	1	1	1	1	1
2	1	1	1	1	1	1	1	1	1	1	1	1	1	1	1	1	1	1	1	1	1	1	1	1
3	0	0	0	0	0	1	1	1	1	1	1	1	1	1	1	1	1	1	1	1	1	0	0	0
4	0	0	0	0	1	1	1	1	1	1	1	1	1	1	1	1	1	1	1	1	1	0	0	0
5	0	0	1	1	1	1	1	1	1	1	1	1	1	1	1	1	1	1	1	1	1	1	0	0
6	0	0	0	0	0	0	0	0	1	1	1	1	1	1	0	0	0	0	0	1	1	1	1	0
7	0	0	0	0	0	0	0	0	1	1	1	1	1	1	0	0	0	0	0	1	1	1	0	0
8	0	0	0	0	0	0	0	0	0	1	1	1	1	0	0	0	0	0	0	1	0	0	0	0
9	0	0	0	0	0	0	0	0	0	0	1	1	0	0	0	0	0	0	0	0	0	0	0	0
10	0	0	0	0	0	0	0	0	0	0	0	1	0	0	0	0	0	0	0	0	0	0	0	0

注：0 代表停，1 代表启。

表 4-3　运行成本最优时机组各时段有功出力（单位：MW）

时刻	1:00	2:00	3:00	4:00	5:00	6:00	7:00	8:00	9:00	10:00	11:00	12:00	13:00	14:00	15:00	16:00	17:00	18:00	19:00	20:00	21:00	22:00	23:00	24:00
1	455	455	455	455	455	455	455	455	455	455	455	455	455	455	455	455	455	455	455	455	455	455	455	455
2	245	295	370	455	390	360	410	455	455	455	455	455	455	455	455	310	260	360	455	455	455	455	425	345
3	0	0	0	0	0	130	130	130	130	130	130	130	130	130	130	130	130	130	130	130	130	0	0	0
4	0	0	0	0	130	130	130	130	130	130	130	130	130	130	130	130	130	130	130	130	130	0	0	0
5	0	0	25	40	25	25	25	30	85	162	162	162	162	85	30	25	25	25	30	162	85	145	0	0
6	0	0	0	0	0	0	0	0	20	33	73	80	33	20	0	0	0	0	0	33	20	20	20	0
7	0	0	0	0	0	0	0	0	25	25	25	25	25	25	0	0	0	0	0	25	25	25	0	0
8	0	0	0	0	0	0	0	0	0	10	10	43	10	0	0	0	0	0	0	10	0	0	0	0
9	0	0	0	0	0	0	0	0	0	0	10	10	0	0	0	0	0	0	0	0	0	0	0	0
10	0	0	0	0	0	0	0	0	0	0	0	10	0	0	0	0	0	0	0	0	0	0	0	0

差仅为 11 美元，在可以接受的误差允许范围之内。但是两种方法的负调峰能力最优值有较大的差距，从图 4-15 中也能够更直观地体现出来。这是因为 DPSO-PCIPM 优化方法在机组启停状态的优化过程中使用了启发式修正方法，在寻优过程中，会使结果偏向于运行成本最优，使得整个算法的优化陷入了局部解，无法获得负调峰能力的较优值。而 NNC 在优化过程中调用了较为成熟的商业软件 CPLEX 进行求解，能够得到相对较优的负调峰能力值。从图 4-15 的局部放大图中还可以看出，在同等范围内，NNC 的前沿要优于 DPSO-PCIPM。因此，本章选用 NNC 进行后续的研究。

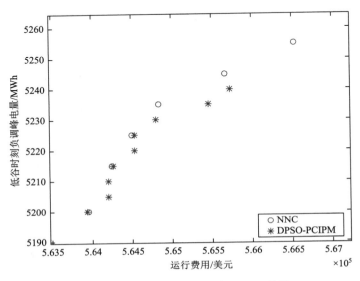

图 4-15　两种优化方法所得的 Pareto 前沿

4.4.3　算例分析

选用典型 10 机系统[18]及其扩展系统（20 机）作为本章的算例系统，根据该系统负荷曲线特性，低谷时段选定为时段 1:00～4:00、23:00～24:00。系统旋转备用为负荷需求的 10%，各机组爬坡约束限制如表 4-4 所示。风电并网的规模为系统总装机容量的 30%。

表 4-4　10 机系统各机组爬坡约束数据

机组编号	P_{up}/(MW/min)	P_{down}/(MW/min)	机组编号	P_{up}/(MW/min)	P_{down}/(MW/min)
1	3.79	3.79	6	0.67	0.67
2	3.79	3.79	7	0.71	0.71
3	1.08	1.08	8	0.46	0.46
4	1.08	1.08	9	0.46	0.46
5	1.35	1.35	10	0.46	0.46

采用前文中的方法获取风电功率的预测区间，其结果如图 4-16 所示。图中的阴影部分，由外到内，分别为置信区间 100%、90%、80%、70% 下的波动范围。从图中可以看出，在 15:00～18:00 时，风电的实际出力与预测值出现了较大的偏差，已经超过了 90% 的风电预测区间，这充分说明了风电的随机性及预测的不精确性。

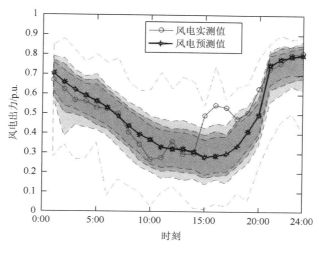

图 4-16　风电功率预测区间

使用 MATLAB 和商业软件 CPLEX 为开发工具进行仿真分析，所得结果如表 4-5 和表 4-6 所示，表中罗列出五种方案，分别为：运行成本最优方案（用 OOC 表示）、负调峰能力最优方案（用 ONAC 表示）、传统折中方案（用 TCC 表示）、80% 风电预测区间下的推荐方案（用 80RC 表示）、100% 风电预测区间下的推荐方案（用 100RC 表示）。Pareto 前沿如图 4-17 和图 4-18 所示，各时段负调峰能力与风电预测区间的关系如图 4-19 所示，其中实线表示各机组组合方案不同时段的负调峰容量，虚线由下至上分别表示置信区间依次为 70%、80%、90%、100% 的风电向上波动区间。

表 4-5　仿真结果（不考虑爬坡约束）

组合方案	10 机		20 机	
	运行成本/美元	负调峰电量/MWh	运行成本/美元	负调峰电量/MWh
OOC	385574	930	764071	1989
ONAC	402921	1555	801454	3174
TCC	390407	1225	775936	2684
80RC	385574	930	764071	1989
100RC	396118	1240	770951	2404

表 4-6　仿真结果（考虑爬坡约束）

组合方案	10 机		20 机	
	运行成本/美元	负调峰电量/MWh	运行成本/美元	负调峰电量/MWh
OOC	385697	930	764306	1989
ONAC	403552	1555	802292	3174
TCC	390538	1225	779254	2779
80RC	385697	930	764306	1989
100RC	396495	1240	771093	2404

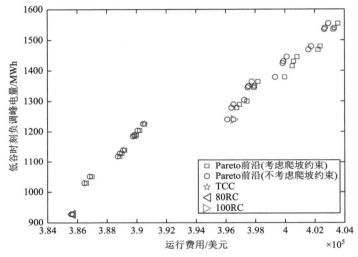

图 4-17　10 机系统仿真结果

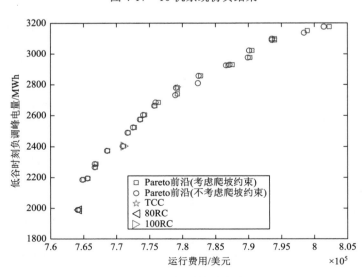

图 4-18　20 机系统仿真结果

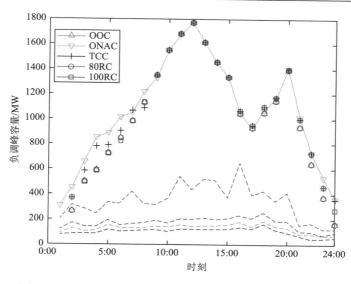

图 4-19　20 机系统下各时段负调峰容量与风电波动区间关系

1. 爬坡约束对机组组合结果的影响

对比表 4-5 和表 4-6 可知，爬坡约束主要影响系统的运行成本，对系统低谷时刻的负调峰能力没有明显影响，这也可以从图 4-17 与图 4-18 中两种系统规模的 Pareto 前沿中反映出来。考虑了爬坡约束后，系统的运行成本会有所提高，但是能够更加准确地反映机组的实际运行特性，可以为评估风电接纳能力提供更为可靠的参考。

2. 单目标最优解

从表 4-5 及表 4-6 中可以看出，对于运行成本与低谷时段的负调峰能力，其中一个目标的优化，其代价是另一个目标的劣化。以 20 机系统为例进行分析，各方案目标函数值相对于运行成本最优方案的增幅如表 4-7 所示。

表 4-7　各方案目标函数值比较

组合方案	运行成本/美元	增量/美元	增幅	负调峰电量/MWh	增量/MWh	增幅
OOC	764306	—	—	1989	—	—
ONAC	802292	37986	4.97%	3174	1185	59.58%
TCC	779254	14948	1.96%	2779	790	39.72%
80RC	764306	0	0%	1989	0	0%
100RC	771093	6787	0.89%	2404	415	20.86%

在运行成本最优的单目标情况下，系统的运行成本为 764306 美元，此时低谷时刻负调峰电量总和为 1989MWh。从图 4-19 可以看出，以运行成本最优的机组组合方案，在大部分时段的负调峰容量处于最低水平，尤其是在低谷时段，不同风电预测区间上限值

如表 4-8 所示，不同组合方案负调峰容量如表 4-9 所示。由表 4-9 可知，该时段系统常规机组的负调峰容量仅为 98MW。如果决策者较为乐观，将预测区间定为 80%，则从表 4-8 可以看出，可以将运行费用最优的结果作为最终机组组合方案。但是，一旦风电的波动幅度过大，超出了 80%的预测区间，此时系统的负调峰能力不能完全接纳风电，则该方案将面临弃风的风险。如在 90%的预测区间下，风电的波动上限为 122MW，已经超过了系统在该时段常规机组可下调空间的极限。

表 4-8　第一时段风电预测区间上限值

预测区间	上限值/MW
70%	80
80%	94
90%	122
100%	207

表 4-9　第一时段负调峰容量值

组合方案	负调峰容量/MW
OOC	98
ONAC	313
TCC	228
80RC	98
100RC	223

对于负调峰能力最优方案，系统在低谷时刻的负调峰电量总和可达 3174MWh，相较于运行成本最优的方案，可调电量增加了 1185MWh，增幅为 59.58%。但是，此时系统的运行成本也随之大幅提高，达到了 802292 美元，增加了 37986 美元，增幅为 4.97%。在该方案下，虽然常规机组在低谷时刻预留出了较大的下调空间用以应对风电的波动，但从风电波动的角度来看，即便是最为保守的 100%预测区间，其波动上限值也远小于该方案中的负调峰容量。仍以第一时段为例，该时段负调峰容量约为 313MW，而风电的波动上限为 207MW，此时以高昂的运行成本作为代价换取过高且完全没必要的负调峰容量，显然是一种资源的浪费。因此，单纯追求运行成本最低或者负调峰能力最大化，均是不合理的。

3. 传统折中解选取方法

得到 Pareto 解集之后，还需要从中选取一个能够权衡两个目标的折中解，作为运行人员可操作的唯一具体方案。有学者将模糊理论应用到 Pareto 前沿的折中解求取[19]。模糊集由式（4-57）所示的隶属函数确定。对于所给的 Pareto 最优解集，决策者的判断具有不精确性，会对最终方案的选取造成一定影响。因此，本书基于上述方法提出一种基于模糊机制的最佳折中解的选取方法。

$$\beta_i = \begin{cases} 0, & f_i \geqslant f_{i,\max} \\ \dfrac{f_{i,\max} - f_i}{f_{i,\max} - f_{i,\min}}, & f_{i,\min} \leqslant f_i \leqslant f_{i,\max} \\ 1, & f_i \leqslant f_{i,\min} \end{cases} \tag{4-57}$$

式中，$f_{i,\max}$ 和 $f_{i,\min}$ 分别为 Pareto 解集中第 i 个目标函数的最大值和最小值。

对于每一个非支配解，经标准化的隶属函数值 β_j 可计算得出：

$$\beta_j = \frac{\displaystyle\sum_{i=1}^{N_{obj}} \alpha_{i,j}}{\displaystyle\sum_{j=1}^{M} \sum_{i=1}^{N_{obj}} \alpha_{i,j}} \tag{4-58}$$

式中，M 为非支配解的总数。最佳折中解即集合 $\{\beta_j\}$ 中的最大值。

综合考虑运行成本与负调峰能力的多目标处理时，使用上述方法所得的结果（即传统折中方案），运行成本为 779254 美元，相较于运行成本最优方案，费用增加了 14948 美元，增幅为 1.96%；而此时系统在低谷时刻的负调峰电量总和增加了 790MWh，增幅为 39.72%。传统折中方案选取属于纯数字操作，获得介于两个单目标之间的折中解，而在机组组合问题中，基于机组特性，其负调峰容量是离散的，且受制于启停时间等约束，与此同时，风电的预测无法做到百分之百精准，为了制订的机组组合计划能够较好地应对实际运行中风电的随机性，常规机组有必要为风电预留出合适的下调空间。

4. 考虑风电随机特性的最佳推荐方案

当决策者选定风电预测区间为 70% 或 80% 时，由表 4-8 可知，以运行成本最优的方案足以应对风电的随机性，可以作为最终推选方案（即表 4-6 中方案 80RC，此时与运行成本最优方案相同），该方案明显优于传统折中解所得方案。若决策者选定预测区间为 90% 或 100%，最终推选方案（即表 4-6 中方案 100RC）运行成本为 771093 美元，相较于最优运行成本的增幅仅为 0.89%，但低谷时段负调峰电量提高到 2404MWh，增幅为 20.86%，第一时刻的负调峰容量为 223MW，从而满足风电的极限波动。此时相较于传统折中解所得方案，虽然低谷时段总的负调峰电量相对减少，但已经能够应对风电的极限波动，具有足够强的风电接纳能力，同时比传统折中方案运行成本减少 8161 美元，因此兼具更优的经济性。10 机系统具有相近的特性，这里不再赘述。

综上所述，为了提升系统对风电的接纳能力，在制订机组组合计划过程中，有必要考虑常规机组的负调峰能力，而使用传统的多目标研究方法获取的折中解，不能较好地反映系统所面临的风电随机性。将不同置信度的风电预测区间作为参考，选取最终的机组组合最佳推荐方案，更加贴合实际，也给决策者更多明确的选择，具有较强的参考价值。

4.5　考虑风电时间相关性的多面体鲁棒机组组合优化

4.5.1　含风电的鲁棒机组组合概述

随着风电大规模并入电网,其波动性、随机性、不确定性往往会给机组组合带来巨大挑战。为保证可再生能源在一定接入水平下仍能实现电力系统的安全稳定运行,各学者分别采用备用容量法[20, 21]、随机规划法[22, 23]、鲁棒优化法[24-31]等来处理风电接入的电力系统机组组合问题。备用容量法本质上是通过增加系统备用来应对风电的不确定性,但其会有很大程度上的经济损失。随机优化算法相比备用容量法能够较好地处理含不确定性机组组合问题,但其精确程度取决于场景划分的数量且需找出精确的风电不确定性概率分布函数。而鲁棒优化由于在处理不确定性时,无须找出该不确定性的分布函数,而是通过一定的置信区间来处理"最坏情况"得到最优解,因此受到越来越多的关注。

对于鲁棒优化而言,首要问题就是如何描述风电不确定区间,目前主要采用以下几种形式:盒式不确定集合[24]、多面体不确定集合[25, 26]、椭圆不确定集合[32, 33]、N-K 不确定集合[34]等。N-K 不确定集合常用来反映电力系统故障的一种准则,非本书研究范畴。盒式不确定集合主要是对不确定参数 1 范数范围进行限制,但其保守度过高,各学者常常对无穷范数范围限制,即采用多面体不确定性来处理电力系统中的问题[31]。但是风电并不是绝对的随机变量,它在时间上存在一定的相关性[35-37],文献[35]和[36]根据大量的风电场运行历史数据,建立了 1h 步长的一阶风速马尔可夫链模型,验证了时间相关性的存在。因此利用时间相关性特点,可以剔除一些概率密度较低的场景,降低不确定集合的保守性。但是,马尔可夫链模型无法直接应用于鲁棒优化。那么如何在多面体不确定性集合之中考虑风电场相关性问题,进一步提高经济性呢?虽然文献[38]已经给出多面体相关性模型,但难以应用于电力系统。

基于以上考虑,本节通过椭圆生成思想得到风电场时间相关性约束条件,并对多面体进行面与面之间的约束,来达到降低鲁棒保守性、提高经济性的目的。利用风电真实历史数据得到风电时序相关性,由此提出一种考虑风电场时间相关性的电力系统机组组合多面体不确定性建模方法,并将核密度估计求解的风电预测上下限接入系统,得到考虑风电时间相关性的鲁棒机组组合(wind temporal correlation polyhedron uncertainties in robust optimization of unit commitment,TPRUC)。

4.5.2　考虑时间相关性的不确定性建模

1. 椭圆不确定性模型

椭圆思想,在一定程度上能够处理风电不确定相关性[32]。椭圆二维模型如下:

$$\left(\frac{x_n}{r_x}\right)^2 + \left(\frac{y_n}{r_y}\right)^2 = s \tag{4-59}$$

式中，x_n、y_n 分别为两个正态分布的随机变量；r_x、r_y 为风电的标准差；s 为椭圆置信度范围。

由历史数据可以得到风电预测误差相关性系数，如图 4-20 所示，结果表明相邻时间段的风电场相关性较大，非相邻时间段风电场相关性较小，如果在建模时对所有时间段的相关性进行约束，会导致约束矩阵非常大，难以有效求解，因此本书考虑前一时刻与后一时刻的相关性。两个相邻时间段的预测误差为随机变量，近似符合高斯分布[39,40]，式（4-61）的左侧实际上表示正态分布数据样本的平方和，根据概率学知识，s 服从自由度为 2 的卡方分布，当置信度为 95% 时，$s = 5.991$。

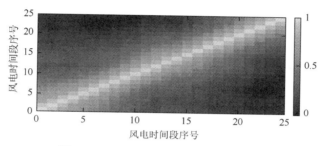

图 4-20　风电预测误差时间相关性系数

为了表示随机变量之间的相关性大小，需计算随机变量相关性轴线的方向，该方向由协方差矩阵定义。协方差矩阵的特征向量即椭圆的实轴和虚轴的方向。相关性轴线与 x 轴夹角为

$$\alpha = \arctan \frac{v_1(y)}{v_1(x)} \tag{4-60}$$

式中，v_1 为原数据协方差矩阵的最大特征向量，$v_1(y)$ 为其 y 轴分量，$v_1(x)$ 为其 x 轴分量。中心值即风电场误差的均值，记为 $\mathrm{avg} = (x_0, y_0)$。此时，该夹角与中心值正是本书用来作为多面体不确定集合约束的重要元素，将会在 4.5.2 节中说明。对于给定的风电历史数据，相邻时间段的椭圆相关性可以表示如图 4-21 所示。

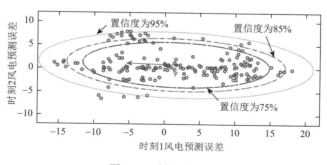

图 4-21　椭圆相关性

2. 考虑风电时间相关性的多面体模型

多面体模型主要形式如下：

$$U = \{u \mid \|u\|_1 \leq \Gamma\} = \left\{ u \middle| \sum_{i \in I_i} |u_i| \leq \Gamma \right\} \tag{4-61}$$

式中，Γ 为鲁棒不确定预算，u 为随机变量。一些学者也曾考虑相关性多面体模型，例如，文献[41]中，通过协方差矩阵来表示多面体相关性：

$$U^I = \left\{ \bar{I} \middle| \left\| \sum^{-\frac{1}{2}} (\text{vec}(\bar{I}) - \text{vec}(\hat{I})) \right\|_1 \leq \Gamma \right\} \tag{4-62}$$

式中，$\bar{I}$、$\hat{I}$ 为不确定变量矩阵 I 的实际值矩阵和期望值矩阵；vec 为 $\bar{I}$、$\hat{I}$ 其中的一组变量，该二维相关性如图 4-22 所示。

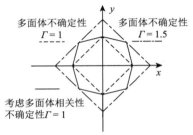

图 4-22　多面体不确定性与二维相关性多面体不确定性示意图

由图 4-22 可以看出，在相同置信度下，如式（4-62）考虑相关性多面体不确定性建模方式所包含的范围大于未考虑相关性的范围。这样虽然可以增加鲁棒优化的保守性，但在电力系统中却常常意味着牺牲经济性，显然这种建模方式不可取。

为了较好地提高经济性和鲁棒性，文献[38]采用分离分割边界的方法来改进多面体不确定性，使弯曲的边界为相关系数的相关函数，相关性大的不确定性的空间浓度较高，从而使随机变量集中于相关性系数之间。但是此种不确定集合的表示只能证明在 $\Gamma \in [0,2]$ 时成立，通过验证，在机组组合问题中该建模方式数据庞大，维数较多，难以有效求解。大多数时候，约束难以成立。

为此，将风电的相关性系数和鲁棒不确定预算同时加入约束方程之中，来建立考虑相关性不确定性模型。构造约束方程的方法如下：根据式（4-60），得到了相邻时间段相关性轴线方向；同时，利用历史数据可以得到风电在两个时间段的中心；由中心点和夹角可以得到一条直线 A（即椭圆长轴所在直线），两时刻的风电场误差即在该直线的两侧分布。在直线 A 和与 A 垂直同时过中心点的直线 B 上，分别选取距离中心点为 Γ 的四个点（其中 Γ 为不确定性预算）。分别得到各点坐标如下：

$$(x_1, y_1) = (x_0 + \Gamma \times \text{abs}(\cos\alpha), y_0 + \Gamma \times \text{abs}(\sin\alpha)) \tag{4-63}$$

$$(x_2, y_2) = (x_0 - \Gamma \times \text{abs}(\sin\alpha), y_0 + \Gamma \times \text{abs}(\cos\alpha)) \tag{4-64}$$

$$(x_3, y_3) = (x_0 - \Gamma \times \text{abs}(\cos\alpha), y_0 - \Gamma \times \text{abs}(\sin\alpha)) \tag{4-65}$$

$$(x_4, y_4) = (x_0 + \Gamma \times \text{abs}(\sin\alpha), y_0 - \Gamma \times \text{abs}(\cos\alpha)) \tag{4-66}$$

式中，α 为相邻时间段相关性轴线与 x 轴的夹角；$x_1 \sim x_4$、$y_1 \sim y_4$ 示意如图 4-23 所示。

分别连接这四点，得到四条直线，由此便得到了随机变量范围。其中四条线的斜率为

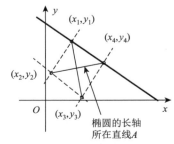

图 4-23　时间相关性多面体示意图

$$k_1 = k_4 = \frac{\sin\alpha - \cos\alpha}{\cos\alpha + \sin\alpha} \tag{4-67}$$

$$k_2 = k_3 = \frac{-\sin\alpha - \cos\alpha}{-\cos\alpha + \sin\alpha} \tag{4-68}$$

考虑到约束条件太多会大幅度增加运算时间，因此在四条约束曲线中只取一条能够包围随机变量的直线，即图 4-23 中的粗实线。通过该直线对两个随机变量进行约束，得到多面体不确定性建模中考虑时间相关性的面与面之间的约束为

$$U = \{u \mid u_{i+1} \leqslant k_1(u_i - x_1) + y_1\} \tag{4-69}$$

不确定性的一般表达式为

$$U = \{u_i = u_i^{\mathrm{e}} + d_i^+ u_i^{\mathrm{h}} - d_i^- u_i^{\mathrm{l}}, \forall i\} \tag{4-70}$$

式中，u_i 表示风电不确定值；u_i^{e} 为风电预测值；u_i^{h} 为风电预测上限；u_i^{l} 为风电预测下限；d_i^+、d_i^- 分别为风电上、下限不确定性预算。所以，表示风电不确定的关键问题就是对 d_i^+、d_i^- 的约束。结合一般性多面体表达式与本书约束式（4-69），得到考虑时间相关性的多面体不确定性模型如式（4-71）所示：

$$d = \begin{cases} d_i^+ \geqslant 0, & i = 1, 2, \cdots, 24 \\ d_i^- \geqslant 0, & i = 1, 2, \cdots, 24 \\ \sum\limits_i (d_i^+ + d_i^-) \leqslant \Gamma, & i = 1, 2, \cdots, 24 \\ d_{i+1}^+ u_{i+1}^{\mathrm{h}} - d_{i+1}^- u_{i+1}^{\mathrm{l}} \leqslant k_1(d_i^+ u_i^{\mathrm{h}} - d_i^- u_i^{\mathrm{l}} - x_1) + y_1, & i = 1, 2, \cdots, 23 \end{cases} \tag{4-71}$$

4.5.3　考虑时间相关性的鲁棒机组组合模型及其求解

1. 模型与求解

鲁棒机组组合模型包括目标函数和约束条件[39]，其中目标函数为

$$\min_x \left(c^{\mathrm{T}} x + \max_d \min_y b^{\mathrm{T}} y \right) \tag{4-72}$$

式中，x 为机组状态变量，是二进制离散变量；y 为机组参数变量，为连续型变量；d 为不确定变量。

约束条件除式（4-73）～式（4-76）外，本书的独到之处是构建了考虑时间相关性的约束条件（4-72）。

$$Fx \leqslant f \tag{4-73}$$

$$Ax + By \leqslant g \tag{4-74}$$

$$I_{\mathrm{y}} y + I_{\mathrm{d}} d = w \tag{4-75}$$

$$My + Nd \leqslant l \tag{4-76}$$

其中，式（4-73）表示对机组状态的约束，包括逻辑约束、最小启停状态约束、备用率约束等；式（4-74）表示机组状态约束和机组出力关系约束，包括容量约束、爬坡约束等；式（4-75）表示系统的功率平衡约束；式（4-76）表示传输线路安全约束。式（4-73）～

式（4-76）是由文献[40]约束简化而来的，F、f、A、B、g、I_y、I_d、w、M、N、l 分别为对应约束的系数，无具体含义。

采用 C&CG 算法[41]，将上述机组组合问题分为主问题和子问题来求解，该算法能够解决 Benders 算法求解主问题过于"激进"的情况。其中，子问题为式（4-72）中的第二项，由式（4-72）可知，子问题为最大最小问题，首先对偶线性化如下：

$$\max_{d,\lambda,\eta,\theta} -\lambda^T(g-Ax)-\eta^T(w-I_d d)-\theta^T(l-Nd) \tag{4-77}$$

式中，$b+\lambda^T B+\eta^T I_y+\theta^T M=0$；$\lambda\geq0,\theta\geq0$，$\lambda$、$\theta$、$\eta$ 分别为拉格朗日乘子。

在式（4-77）中，$\eta^T I_d d$ 与 $\theta^T Nd$ 为双线性问题，呈现非凸性。为此，这里做出以下处理，令 $\omega=\eta^T I_d$，则

$$\eta^T I_d d = wd = \sum_i d_i w_i = \sum_i [d_i^{\min} w+(d_i^{\max}-d_i^{\min})w_i\beta_i] \tag{4-78}$$

此时，又引入了非线性项 $w_i\beta_i$，但是可以写成如下形式：

$$\eta^T I_d d = \sum_i [d_i^{\min} w_i+(d_i^{\max}-d_i^{\min})r_i] \tag{4-79}$$

$$-N\beta_i\leq r_i\leq N\beta_i \tag{4-80}$$

$$-N(1-\beta_i)+w_i\leq r_i\leq w_i+N(1-\beta_i) \tag{4-81}$$

显然，当 $\beta_i=0$ 或者 $\beta_i=1$ 时，能够使式（4-79）取得最小值或者最大值。类似地，将 $\theta^T Nd$ 做同样变换，将子问题化成混合整数线性规划问题，从而可以通过软件 CPLEX 进行求解。

主问题目标函数为式（4-82）：

$$\min_{x,\rho}(c^T x+\rho) \tag{4-82}$$

约束加入式（4-83）：

$$\rho\geq b^T y^l \tag{4-83}$$

C&CG 算法流程图如图 4-24 所示。其中，约束 1 为式（4-73）～式（4-76）和式（4-83），约束 2 为式（4-73）～式（4-76）。

2. 安全性检验

为验证 TPRUC 的有效性，在求解机组组合之后，需要对所得方案进行安全性校验，即所制订当前的机组组合方案，在风电场真实出力情况下，通过改变机组出力，满足系统安全性要求。检验方程如下：

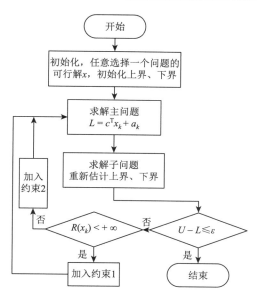

图 4-24　C&CG 求解算法流程图

$$S(x) = \min_{y,s} 1^{\mathrm{T}} s \tag{4-84}$$

$$By + Is + Ax \leqslant g \tag{4-85}$$

$$My + Is \leqslant l - Nd \tag{4-86}$$

$$I_y y + I_d d = k \tag{4-87}$$

$$s_i \geqslant 0, \quad \forall i \tag{4-88}$$

式中，s 为保证约束条件满足而引入的松弛变量，且 s_i 均为大于等于零的整数。如果 $S(x) = 0$，说明存在非空集合能够满足该约束，能够在当前机组组合下满足系统安全性要求；否则，大于 0，该机组组合方案不满足安全性要求。

4.5.4　算例分析

1. 数据准备

以 IEEE 118 系统[42]为算例，该系统包括 118 条母线、54 台发电机及 186 条传输线。风电接入和系统负荷数据来自德国巴登-符腾堡州电网运营商 Transnet BW 的公开数据。对风电及负荷数据稍作调整，使其符合电力系统正常运行的功率范围，最大风电渗透率约为 20%。以该地 2015～2016 年运行数据为历史数据，对不确定集合参数进行估计。机组组合算法在 MATLAB 2014b 及 YALMIP 上完成。混合整数规划采用 CPLEX 12.6 进行求解。C&CG 优化算法间隙误差（即上下界之差除以下界）上限为 1‰。

每次鲁棒优化时都需要确定风电的预测上下限,这里采用前文中核密度估计方法获取风电功率的预测区间,在置信区间 100%、95%、90%、85%、80%、75%、70%下的波动范围内，风电的置信区间越大，风电覆盖范围越大。本书将讨论风电预测置信度不同对机组组合优化的经济性和鲁棒性的不同影响。

为了验证提出的 TPRUC 的优越性，对以下三种机组组合模型进行对比：

（1）传统机组组合（traditional unit commitment，TUC），采用确定性风电优化算法，不考虑风电预测误差。

（2）鲁棒机组组合（robust unit commitment，RUC），采用 C&CG 鲁棒优化算法，不考虑时间相关性。

（3）本书所提出的 TPRUC，不确定集的描述如式（4-74）所示，同样采用 C&CG 算法进行求解。

2. 典型日含风电机组组合

首先选取某日风电数据为输入数据，接入 IEEE 118 节点系统中，对三种机组组合模型进行求解，并对机组组合结果进行安全性校验。分别分析鲁棒不确定预算、风电预测区间置信度对三种机组组合方法的影响。

当 TUC 能够满足安全性检验时，不确定性预算(Γ)相同而风电预测区间置信度（alpha）不同的各方法成本与安全性检验比较如表 4-10 所示；当 TUC 能够满足安全性检验时，不确定性预算不同而风电预测区间置信度相同的成本与安全性检验比较结果如表 4-11 所示。

表 4-10　当 TUC 能够满足安全性检验时，相同 Γ 不同 alpha 下的三种方法成本与安全性检验比较

(Γ, alpha)	TUC 成本/美元	RUC 成本/美元	RUC 检验	TPRUC 成本/美元	TPRUC 检验
(1, 1)	1862713	1872251	满足	1866817	满足
(1, 0.95)	—	1870250	满足	1866255	满足
(1, 0.9)	—	1869279	满足	1865928	满足
(1, 0.85)	—	1868269	满足	1865709	满足
(1, 0.8)	—	1867749	满足	1865621	满足
(1, 0.75)	—	1867288	满足	1865363	满足
(1, 0.7)	—	1867163	满足	1865176	满足
(2, 1)	—	1805228	满足	1799948	满足
(3, 1)	—	1812075	满足	1811813	满足
(4, 1)	—	1818819	满足	1818106	满足
(5, 1)	—	1824670	满足	1824166	满足

表 4-11　当 TUC 能够满足安全性检验时，不同 Γ 相同 alpha 下的三种方法成本与安全性检验比较

(Γ, alpha)	TUC 成本/美元	RUC 成本/美元	RUC 检验	TPRUC 成本/美元	TPRUC 检验
(1, 1)	1788345	1797431	满足	1790963	满足
(2, 1)	—	1805228	满足	1799948	满足
(3, 1)	—	1812075	满足	1811813	满足
(4, 1)	—	1818819	满足	1818106	满足
(5, 1)	—	1824670	满足	1824166	满足

　　由表 4-10 可以看出，当 TUC 能够通过安全性检测时，RUC 和 TPRUC 都能通过安全性检验。随着风电置信度减小，传统鲁棒优化和考虑风电场相关性的多面体鲁棒优化所需成本均会减小。同时考虑风电场相关性的多面体鲁棒优化所需成本会小于传统鲁棒优化成本。同时随着不确定性预算的增加，RUC 和 TPRUC 成本会增加，而且本书所提 TPRUC 成本小于 RUC。但是不确定性预算越大，成本差距越有所减小。对于涉及的系统，TPRUC 成本与 RUC 相比，成本减小量达 5433 美元，由此可以看出考虑时间相关性的鲁棒机组组合的优越性。

　　当 TUC 不能满足安全性检验时，不确定性预算相同而风电预测区间置信度不同的各机组组合成本与安全性检验比较如表 4-12 所示；当 TUC 不能满足安全性检验时，不确定性预算不同而风电预测区间置信度相同的结果如表 4-13 所示。

表 4-12　当 TUC 不能满足安全性检验时，相同 Γ 不同 alpha 下的三种方法成本与安全性检验比较

(Γ, alpha)	TUC 成本/美元	TUC 检验	RUC 成本/美元	RUC 检验	TPRUC 成本/美元	TPRUC 检验
(1, 1)	1744696	不满足	1818533	满足	1814405	满足
(1, 0.95)	—	—	1814208	满足	1811985	满足
(1, 0.9)	—	—	1809479	满足	1808627	满足
(1, 0.85)	—	—	1809071	满足	1807710	满足
(1, 0.8)	—	—	1807396	满足	1807356	满足
(1, 0.75)	—	—	1806659	满足	1806605	满足
(1, 0.7)	—	—	1805532	满足	1805491	满足
(1, 0.65)	—	—	1804869	满足	1804771	满足
(1, 0.6)	—	—	1804445	满足	1804393	满足
(1, 0.55)	—	—	1803506	满足	1803451	满足
(1, 0.5)	—	—	1803234	不满足	1803234	不满足
(1, 0.45)	—	—	1802908	不满足	1802908	不满足

表 4-13　当 TUC 不能满足安全性检验时，不同 Γ 相同 alpha 下的三种方法成本与安全性检验比较

(Γ, alpha)	TUC 成本/美元	TUC 检验	RUC 成本/美元	RUC 检验	TPRUC 成本/美元	TPRUC 检验
(1, 1)	1744696	不满足	1818532	满足	1814405	满足
(2, 1)	—	—	1833481	满足	1829812	满足
(3, 1)	—	—	1848210	满足	1844489	满足
(4, 1)	—	—	1862573	满足	1859211	满足
(5, 1)	—	—	1876316	满足	1873608	满足
(6, 1)	—	—	1889769	满足	1887317	满足

　　由表 4-12 可以看出，当 TUC 不能通过安全性检验时，随着风电预测置信度减小，RUC 和 TPRUC 成本逐渐降低，但有可能存在不能通过安全性检验的情况。同时由表 4-13 可以看出，TPRUC 与 RUC 有着几乎相同的鲁棒性，但是成本减少，其绝对值可达 4128 美元。

为了对比 TPRUC 和现有 RUC 的计算复杂性，表 4-14 和表 4-15 同时给出了两种机组组合的计算时间和迭代次数。由表 4-14 和表 4-15 可以看出，虽然考虑时间相关性的多面体鲁棒机组组合加入了新的约束，但该约束可能使 C&CG 算法更快地收敛，反而降低了计算时间。

表 4-14　相同 Γ、不同 alpha 机组组合计算时间和迭代次数

(Γ, alpha)	RUC 计算时间/s	RUC 迭代次数	TPRUC 计算时间/s	TPRUC 迭代次数
(1, 1)	99.69317	11	19.75445	3
(1, 0.95)	65.92456	12	20.14493	3
(1, 0.9)	56.58499	7	20.99324	3
(1, 0.85)	62.78514	7	22.93466	3
(1, 0.8)	48.37909	6	21.768848	3
(1, 0.75)	50.43506	6	25.471107	4

表 4-15　不同 Γ、相同 alpha 机组组合计算时间和迭代次数

(Γ, alpha)	RUC 计算时间/s	RUC 迭代次数	TPRUC 计算时间/s	TPRUC 迭代次数
(1, 1)	122.7775	10	24.06856	3
(2, 1)	76.61444	7	72.2707	7
(3, 1)	50.58042	6	62.41407	6
(4, 1)	51.36337	5	53.14763	5
(5, 1)	39.8184	4	42.41844	5

3. 长期含风电机组组合

为进一步验证 TPRUC 方法的优越性，再次基于 2016 年 2 月到 7 月的风电数据进行长期仿真，评估三种方法所得机组组合方案的安全性和经济性。风电预测区间置信度 alpha = 1，即风电置信区间为 100%时，所得数据如表 4-16 和表 4-17 所示。

表 4-16　不同月份安全性检验

月份	TUC 通过安全性检验天数/天	RUC 通过安全性检验天数/天	TPRUC 通过安全性检验天数/天
2	5	29	29
3	5	31	31
4	6	30	30
5	7	30	30
6	3	30	30
7	3	30	30

表 4-17　不同月份机组组合成本

月份	TUC 成本/美元	RUC 成本/美元	TPRUC 成本/美元
2	52450811	54922014	54883659
3	52302250	52368754	52367557
4	52329058	54266861	54265270
5	52450811	54922014	54883659
6	50055890	50688513	50528378
7	51204972	51268576	51227513

　　由表 4-16 和表 4-17 长期仿真结果可以看出，虽然 TUC 的成本低很多，但是每个月能够通过安全性检验的天数最多只有 7 天，可见传统机组组合难以抵挡风电的随机性、波动性。而 TPRUC 在面对风电的波动所表现的鲁棒性，与 RUC 的结果几乎一致，同时 2～7 月各月成本总和由 RUC 的 318436732 美元减少为 318156036 美元，净减少达 280696 美元。可见考虑时间相关性的多面体鲁棒机组组合方法优势明显。

参 考 文 献

[1]　张宁，周天睿，段长刚，等. 大规模风电场接入对电力系统调峰的影响[J]. 电网技术，2010，34（1）：152-158.

[2]　于尔铿. 现代电力系统经济调度[M]. 北京：水利电力出版社，1986.

[3]　张粒子，谢国辉，黄仁辉，等. 我国后续电力市场化改革路径构想[J]. 华北电力大学学报（自然科学版），2008，（6）：17-20.

[4]　Shukla A，Singh S N. Multi-objective unit commitment with renewable energy using hybrid approach[J]. INAE Letters，2016，10（3）：327-338.

[5]　李滨，粟归玉，王亚龙. 低碳电力下多目标机组组合优化调度[J]. 电力系统及其自动化学报，2015，27（11）：1-8.

[6]　李整，秦金磊，谭文，等. 基于目标权重导向多目标粒子群的节能减排电力系统优化调度[J]. 中国电机工程学报，2015，35（s1）：67-74.

[7]　张宁，胡兆光，周渝慧，等. 考虑需求侧低碳资源的新型模糊双目标机组组合模型[J]. 电力系统自动化，2014，38（17）：25-30.

[8]　吴小珊，张步涵，袁小明，等. 求解含风电场的电力系统机组组合问题的改进量子离散粒子群优化方法[J]. 中国电机工程学报，2013，33（4）：45-52.

[9]　何小磊. 电力系统机组组合问题的研究[D]. 上海：上海交通大学，2009.

[10]　Carrion M，Arroyo J M. A computationally efficient mixed-integer linear formulation for the thermal unit commitment problem[J]. IEEE Transactions on Power Systems，2006，21（3）：1371-1378.

[11]　李整. 基于粒子群优化算法的机组组合问题的研究[D]. 北京：华北电力大学，2016.

[12]　Eberhart R，Kennedy J. A new optimizer using particle swarm theory[C]. The Sixth International Symposium on Micro Machine and Human Science，1995：39-43.

[13]　谢亮. 基于内点理论最优潮流的算法及应用研究[D]. 上海：上海交通大学，2011.

[14]　Coello C A C，Pulido G T，Lechuga M S. Handling multiple objectives with particle swarm optimization[J]. IEEE Transactions on Evolutionary Computation，2004，8（3）：256-279.

[15]　Jeong Y，Park J，Jang S，et al. A new quantum-inspired binary PSO：Application to unit commitment problems for power systems[J]. IEEE Transactions on Power Systems，2010，25（3）：1486-1495.

[16]　Messac A，Ismailyahaya A，Mattson C A. The normalized normal constraint method for generating the Pareto frontier[J]. Structural & Multidisciplinary Optimization，2003，25（2）：86-98.

[17]   Kazarlis S A，Bakirtzis A G，Petridis V. A genetic algorithm solution to the unit commitment problem[J]. IEEE Transactions on Power Systems，1996，11（1）：83-92.

[18]   Wang L，Singh C. Environmental/economic power dispatch using a fuzzified multi-objective particle swarm optimization algorithm[J]. Electric Power Systems Research，2006，77（12）：1654-1664.

[19]   Jalilvand-Nejad A，Shafaei R，Shahriari H. Robust optimization under correlated polyhedral uncertainty set[J]. Computers & Industrial Engineering，2016，92：82-94.

[20]   苏鹏，刘天琪，李兴源，等. 含风电的系统最优旋转备用的确定[J]. 电网技术，2010，34（12）：158-162.

[21]   Wei W，Liu F，Mei S，et al. Robust energy and reserve dispatch under variable renewable generation[J]. IEEE Transactions on Smart Grid，2015，6（1）：369-380.

[22]   龙军，莫群芳，曾建. 基于随机规划的含风电场的电力系统节能优化调度策略[J]. 电网技术，2011，35（9）：133-138.

[23]   孙元章，吴俊，李国杰，等. 基于风速预测和随机规划的含风电场电力系统动态经济调度[J]. 中国电机工程学报，2009，29（4）：41-47.

[24]   李斯，周任军，童小娇，等. 基于盒式集合鲁棒优化的风电并网最大装机容量[J]. 电网技术，2011，35（12）：208-213.

[25]   魏韡，刘锋，梅生伟. 电力系统鲁棒经济调度（一）理论基础[J]. 电力系统自动化，2013，37（17）：37-43.

[26]   魏韡，刘锋，梅生伟. 电力系统鲁棒经济调度（二）应用实例[J]. 电力系统自动化，2013，37（18）：60-66.

[27]   Wei W，Liu F，Mei S，et al. Robust energy and reserve dispatch under variable renewable generation [J]. IEEE Transactions on Smart Grid，2015，6（1）：369-380.

[28]   Wei W，Liu F，Mei S W. Dispatchable region of the variable wind generation[J]. IEEE Transactions on Power Systems，2015，30（5）：2755-2765.

[29]   吴巍，汪可友，李国杰. 考虑风电时空相关性的仿射可调鲁棒机组组合[J]. 中国电机工程学报，2017，37（14）：4089-4097.

[30]   朱光远，林济铿，罗治强，等. 鲁棒优化在电力系统发电计划中的应用综述[J]. 中国电机工程学报，2017，37（20）：5881-5892.

[31]   于丹文，杨明，翟鹤峰，等. 鲁棒优化在电力系统调度决策中的应用研究综述[J]. 电力系统自动化，2016，40（7）：134-143.

[32]   孙健，刘斌，刘锋，等. 计及预测误差相关性的风电出力不确定性集合建模与评估[J]. 电力系统自动化，2014，38（18）：28-32.

[33]   Li P，Guan X，Wu J，et al. Modeling dynamic spatial correlations of geographically distributed wind farms and constructing ellipsoidal uncertainty sets for optimization-based generation scheduling[J]. IEEE Transactions on Sustainable Energy，2015，6（4）：1594-1605.

[34]   Wang Q，Watson J P，Guan Y. Two-stage robust optimization for N-k contingency-constrained unit commitment[J]. IEEE Transactions on Power Systems，2013，28（3）：2366-2375.

[35]   Soman S S，Zareipour H，Malik O，et al. A review of wind power and wind speed forecasting methods with different time horizons[C]. Proceedings of the North American Power Symposium（NAPS），2010：26-28.

[36]   Wei H U，Min Y，Zhou Y，et al. Wind power forecasting errors modelling approach considering temporal and spatial dependence[J]. Journal of Modern Power Systems & Clean Energy，2017，5（3）：489-498.

[37]   Zhang N，Kang C，Xia Q，et al. Modeling conditional forecast error for wind power in generation scheduling[J]. IEEE Transactions on Power Systems，2014，29（3）：1316-1324.

[38]   Jalilvand-Nejad A，Shafaei R，Shahriari H. Robust optimization under correlated polyhedral uncertainty set[J]. Computers & Industrial Engineering，2016，92：82-94.

[39]   Girard R，Allard D. Spatio-temporal propagation of wind power prediction errors[J]. Wind Energy，2013，16（7）：999-1012.

[40]   Wei W，Liu F，Mei S. Distributionally robust co-optimization of energy and reserve dispatch[J]. IEEE Transactions on Sustainable Energy，2017，7（1）：289-300.

[41]   Zeng B，Zhao L. Solving two-stage robust optimization problems using a column-and-constraint generation method[J]. Operations Research Letters，2013，41（5）：457-461.

[42]   伊利诺伊理工大学. IEEE 标准测试模型[DB/OL]. http://motor.ece.iit.edu/data[2019-3-4].

第5章 风力发电装机容量优化

5.1 引　　言

5.1.1 研究背景及意义

我国风电开发具有较明显的区域性，截至 2015 年末，内蒙古、新疆、甘肃、河北、吉林五个省（自治区）的风电累计装机容量约占全国比例的 48.83%。由于上述省（自治区）经济相对不够发达，当地风电消纳能力相对不足，需要跨省（自治区）进行电力运输和调配，而电网建设和风电开发不同步，因此随着风电场大规模扩张，并网瓶颈和市场消纳问题开始凸显，弃风现象比较突出[1]。相对于传统能源，风电等新能源的随机性和波动性给电力系统带来很多不确定因素。不同容量风电的接入一方面可以分担传统机组不同大小的负荷值，降低燃料成本并减轻环境污染[2]；另一方面，作为间歇性发电能源，风电接入对系统安全性具有不可忽略的影响[3]。

风电场作为发电方，其收益受风电装机容量和售电量的影响。而众所周知，风电具有随机性、波动性和间歇性等特点[4]，不同容量风电的接入，一方面会对系统的安全性造成不同程度的影响；另一方面，风电出力预测的不精准性在满足系统电力电量平衡的基础上，系统若存在过量的安全裕度，会导致当地风资源利用率不高、系统风电渗透率低等问题[5]；若系统安全裕度不足，则会造成大面积弃电，危害系统的安全性与经济性。

风电装机规划[6]可定义为：在规划计划时间内，依据负荷需求，在满足电力系统基本约束条件下，对电力系统接入的风电装机容量进行优化。制订有效的风电装机规划方案能够明显降低化石能源的消耗，提供可观的减排效益、节能效益，带来较为显著的经济效益和社会效益。因此，风电装机规划问题属于典型的多目标优化问题，一方面涉及风电场本身的利益，另一方面也会对整个系统的安全性带来巨大影响[7]。所以，研究有效的风电装机规划多目标优化方法，对提高风电并网规模、减少电力系统弃风弃电率、提高当地风资源利用水平、解决一次性能源短缺问题、降低环境污染等有着重大意义。

5.1.2 国内外研究现状

1. 风电装机规划模型

风电装机规划问题可归为电力系统规划范畴，而规划最根本的任务是在满足各类约束与要求的前提下，寻求一定目标的最优方案。国内外对风电装机规划模型的研究主要分为以下两种。

（1）以规划周期内风电场的整体经济效益最大为目标函数。文献[8]建立了以风电场净收益最大为规划目标的规划模型，考虑了初期建设成本中机组购入费、折旧费等因素，提出了系统对旋转备用的要求以及常规机组出力限制等约束条件。文献[9]将风电并入系统后的弃电费用量化为惩罚成本计入目标函数中，进一步明确了风电场的经济效益。文献[10]考虑了配电网公司对风电并网的所需支付的主动管理费用，将其纳入风电效益中。文献[11]分析了新能源政策下风电运营成本对风电规划的影响，将国家对符合并网要求的风电机组的补贴计入风电规划效益中。文献[12]分析了风电场在风电机组运行期间所支付的管理、检修、维护费用，将风电场的运行维护成本归于目标函数中。文献[13]在机会约束规划的基础上分析了风电的发电收益，对风电装机规划容量进行了进一步优化。

（2）响应电力市场改革，将风电所带来的减排效益、节能效益等社会效益纳入目标函数中，以风电场经济社会综合效益最大为目标函数。文献[14]针对海上风电系统的拓扑结构、能源循环利用效应，分析了风电所带来的社会效益。文献[15]提出了在低碳经济下，通过引入碳交易过程，将风电的减排效益量化为实际的经济价值，提高电网消纳风电的积极性。文献[16]分析了我国部分地区水资源匮乏的现状，将风电相较于传统煤电所具备的节能效益进行了计算。

以上研究对风电的经济社会效益进行了分析、量化，站在风电场的角度对规划问题进行研究。但风电作为间歇性能源，与生俱来的不确定性，使得其在并网后对系统安全形成一定压力。因此，有必要在规划问题中考虑系统的安全域。当大规模风电接入系统后，常规机组能够为风电上网预留空间的可调大小，是影响系统接纳风电的关键[17]。在系统负荷需求较小的时刻，若常规机组为应对风电出力波动性，已调整至最小出力水平以满足系统电力电量平衡约束，则此时常规机组已无充足下调出力值来为风电接入预留空间。同时，风电出力具有随机性，一旦系统负荷需求较小时风电出力大于预测值，必然导致弃风。因此，对于含风电系统的安全域，国内外研究集中于系统的调峰问题上，主要有系统调峰特性和系统调峰能力建模两个内容。其中将其应用于电力系统调度问题中居多，对于风电装机规划问题的应用较少。

2. 多目标模型优化方法

风电装机规划问题需要兼顾经济性与安全性，满足系统与装机的基本约束，属于典型的多目标优化求解问题。对多目标模型问题的求解研究，国内外采取的方法通常分为两步。

第一步为求解多目标模型的 Pareto 前沿，主要有以下两种方法。

（1）以多目标粒子群优化算法、多目标进化算法等为代表的矢量算法。矢量算法具备较强的全局搜索能力，基于迭代与进化的方式对 Pareto 解集进行搜寻，并通过求解过程中对非支配解位置的持续更新，获取多目标模型的 Pareto 前沿。文献[18]研究了含风电场的电力系统优化调度问题，建立了基于多目标的系统调度模型，在算法设计上使用多目标粒子群优化算法提高了该模型的全局寻优能力。文献[19]建立了输电网检修计划多目标优化模型，基于改进的多目标粒子群优化算法对其进行求解，得到一组 Pareto 前沿。文献[20]建立了储能选址定容的多目标模型，在使用多目标粒子群优化算法进行求解的过程中引入了一种惯性权重的修改准则，获得了分布较为均匀的 Pareto 前沿。文献[21]将多目标遗传算法应用于解决电力系统经济负荷分配的多目标问题中，取得了较好的仿真结果。

（2）以数学规划、博弈论等方法为代表的标量法。标量法具有实现较为简单且求解速率较高等特点。文献[22]建立了适用于一般网络计划、流水网络计划和搭接网络计划的通用时间参数计算模型，通过规划法，为决策者提供了可供选择的一系列多属性优化方案。文献[23]建立了一种包含光伏、风电、蓄电池的混合发电系统，利用博弈论，给出了一系列优化调度方案。文献[24]利用虚拟机组及协调规划方法，对多目标问题进行了有效解决。文献[25]采用一种归一化法线约束法，获得了较为均匀的 Pareto 前沿。

第二步为从 Pareto 前沿中选取最终解。文献[26]在得到 Pareto 前沿后，对各目标函数值进行无量纲处理后，应用线性加权和法得到最终解。文献[27]采用几何加权法将多目标函数构成新的评价函数，通过这种评价函数从 Pareto 前沿中挑选最优解。文献[28]提出一种基于模糊理论的求解方法，通过计算 Pareto 前沿中每一个非支配解的模糊隶属度，将隶属度最大的非支配解作为最终解。

由以上可知，在多目标问题求解中，尤其是第二阶段的最终解获取过程中，往往通过数学理论方法求得。对于本书研究的风电规划问题，这种纯数学方法难以实现对风电随机性的刻画，因此亟需一种求解风电规划多目标模型的方法。

5.2 风电工程经济社会效益研究

本节主要对风电场的经济社会效益进行介绍，将风电场的初期建设费与运行维护费作为风电工程成本指标，将风电场的售电效益、政策补贴、社会效益作为风电场的收益指标，描述了风电规划问题中所涉及的风电场一方的经济社会效益，并将其作为后续所提出的多目标风电装机规划模型中的目标函数之一。

5.2.1 风电工程成本

风电工程项目具有两个重要特征，分别为工程成本高与施工周期短。风电工程成本由不同类型的成本构成，其相互之间存在一定的关系。规划人员在综合考虑当地并网的经济性与安全性后，拟订相应的风电规划方案，风电场的初期建设成本由此确定。而风电场在投入使用后，其运行维护费用与初期风电场的工程建设质量关联，并且风电场的综合经济收益也与前两项成本息息相关。

1. 风电场初期建设成本

风电场的初期建设成本主要包括以下几个部分，分别是设备及安装工程成本、建筑工程成本、施工辅助工程成本、基本预备成本及其他成本，典型情况下各项成本所占比例如图 5-1 所示。

由图 5-1 可以看出，风电设备与其安装工程费用是风电初期建设成本的主要组成部分，也就是风力发电机组的购置费用。相比其他发电形式的初期投资比例，风力发电的机组设备所占比例较高。相较传统的火电等常规电力系统发电投资，风电场发电机组的投资购置费用比例在国际上已达到约 78%，但其余成本所占比例较低，仅占约 22%。

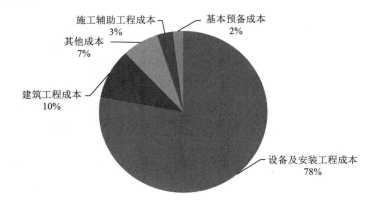

图 5-1　风电初期建设各项成本所占比例

　　根据以上分析可以看出，在风电初期建设投资中，风电机组的选择非常重要。近年来，风力发电技术水平伴随着世界范围内的风力发电市场的爆发式兴起，也有了极大的提高，兆瓦级别以上的风电机组技术日趋成熟，并慢慢走向了商业化。目前在世界范围内，风电机组的平均单机容量已经超过 1.5MW，当下最为广泛投入使用的机组为 1.5～2.0MW 级的风力发电机组。在欧洲，直驱式发电机与双馈异步发电机是当前风电机组主要使用的发电机类型，并且靠岸风电场机组的单机容量多为 2.5～3.0MW。风电机组在机型方面，按照其所适应的风况条件进行设计分类，包括高风速区型、中低风速区型与内陆型机组，并通过研究变桨、变速等关键技术进一步提高对风能的利用率。近年来，风电机组单机制造容量呈现不断增大的趋势，根据国内外风电建设的经验，在条件允许的情况下，如果采用较大容量的风电机组，那么当地的风资源将得到更好的利用。我国当下已对国产风力发电机组在国内的普及率提出了要求，风力发电机组的国产风电机组占国内总发电机组的比例应不低于 70%。目前，国产品牌和外资品牌的单位千瓦价格差距较大，国内的华锐风机采购价格约为 3600 元/kW，而进口的西班牙 Gamesa 风机采购价格约为 6200 元/kW。

　　为合理描述风电场初期建设费用，引入折旧费的概念，以风电机组的购入费用为基础，描述风电场初期建设成本。

　　折旧费的另一种叫法为折旧额。简单来说，折旧费是为了描述某一价值较大的实物在其使用年限内，由于该实物随着时间推移而老化、性能降低后，折损下来每年所具备的价值。对于风电场初期建设成本，即风电场在使用年限内，该初期建设成本每年所平摊的费用。折旧费具有多种多样的计算方法，包括年限法、加速折旧法、工作时数法等，可根据实物所属类型进行选择。一般情况下，建筑施工工程会采用年限法进行计算，而如电力电子器件、计算机、手机等高新产业，由于其核心技术更新换代较快，应采用加速折旧法进行计算。同时，对于相同的实物，假如其使用情况差异较大，也可采取不同的计算方法计算其折旧额。

　　为方便计算，本书使用年限法，针对风电初期投资所购入的风电机组的成本对其进行折旧费计算，得到风电机组设备在平均使用年限内的年均成本，再基于前面所述的风电机组费用于初期投资中的较大占比，估计出风电场的年平均初期建设费用，作为风电场风电工程成本的指标之一，其表达式为

$$W_1 = \frac{W_s i_b}{1 - (1 + i_b)^{-t_s}} \tag{5-1}$$

式中，W_1 为风电场年平均初期建设费用；i_b 为银行利率；t_s 为风电机组的寿命年限；W_s 为风电场的初期建设成本，其表达式为

$$W_s = \frac{Zl}{p_s} \tag{5-2}$$

式中，Z 为风电规划装机容量（kW）；l 为单位风电装机容量的成本（元/kW）；p_s 为风电机组在初期建设投资费用中的占比。

2. 风电场运行维护成本

在初期风电场所购置的风电机组超出质保期后，风电场需支付相应的运行维护费用，对风电机组在使用过程中损坏、老化的问题及时修复，并定期安排修理与维护工作。一般而言，机组故障的维修成本、机组定期检查修复成本、风电场对风电机组的管理成本、机组通用备件的储蓄成本等组成了风电场的运行维护成本。在风电机组的有效运行时间内，风电场对机组的管理成本与保险费用是可以通过全寿命周期理论进行计算的，而另外几项运行维护成本则较难进行估量。同时，对于已经投入使用较长时间的机组设备，其运行维护成本比刚投入使用的设备要高出许多。根据国际上发达国家的风电场运营经验，风电场对于风电机组所支付的单位运行维护费用约为 0.013 欧元/kWh。同样，已有研究资料表明我国的风电场平均运行维护费用约为 0.05 元/kWh。

这里将风电机组使用年限内的年均运行维护费用作为风电场投资成本的另一项经济指标，其表达式为

$$W_2 = T_p Z_p Y \tag{5-3}$$

式中，W_2 为风电场年均运行维护费用；Y 为风电场平均运行维护费用；T_p 为年天数；Z_p 为年典型日的风电出力值，其表达式为

$$Z_p = \sum_{t=0}^{24} P_r^t Z \tag{5-4}$$

式中，P_r^t 为年典型日第 t 时段的风电出力同时率。

5.2.2　风电场收益

风电场的经济收益主要来自国网企业的购电收入，以及国家给予的新能源发电项目补贴。同时，风电具备不可忽视的社会效益，在电力市场改革的大背景下，应将其纳入风电场的收益中进行计算。

1. 风电场售电收益

在我国，国家电网企业对购入的上网风电电量所支付的费用，为风电场的售电收益。因此，风电场的售电收益不仅取决于风电上网电量，也与当地风电的上网电价息息相关。

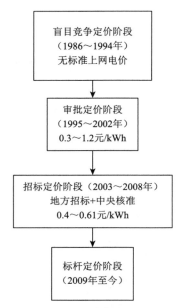

图 5-2　我国风电上网电价制度的四个阶段

国内外一直将风电上网电价作为电力市场热点进行分析研究，固定电价制度、招标电价制度、绿色电价制度以及配额电价制度是国外相关学者研究得到的产物，这些制度按照价格的决定方可分为三种类型，其中固定电价制度的风电电价由政府决定，招标电价制度与配额电价制度的风电电价由电力市场决定，而绿色电价制度对消费者的环保意识有一定要求，因此风电电价由消费者决定。而在我国，风电上网电价的制度自 1986 年起至今共经历了四个阶段[25]，如图 5-2 所示。其中，2003 年至今的风电定价政策本质为政府建议与指导。

本书将风电场在风电机组使用年限内的年平均售电收益作为风电送出工程中的风电场收益指标之一，其表达式为

$$W_3 = Z_p S \qquad (5\text{-}5)$$

式中，W_3 为风电场年售电收益；S 为当地风电的上网电价。

2. 风电场补贴政策

我国风电产业迅猛的发展速度，离不开国家扶持政策的相继出台。近些年来，国家接连颁布了《风电场功率预测预报管理暂行办法》、《国家能源局关于做好 2013 年风电并网和消纳相关工作的通知》、《关于公布可再生能源电价附加资金补助目录》、《财政部关于调整大功率风力发电机组及其关键零部件、原材料进口税收政策的通知》、《关于预拨可再生能源电价附加补助资金的通知》、《电网企业全额收购可再生能源电量监管办法》等多项鼓励风电企业发展的政策。

当前，电价分摊政策和财税优惠政策是我国对风电企业发展最主要的鼓励政策。电价分摊政策面向的对象为电网企业，该政策为当地的风电上网电价比常规火电上网电价高出的部分，通过用户支付差价的方式进行补偿，旨在鼓励电网企业购入更多风电，推进风电在国内的发展。财税优惠政策面向的对象主要为风电场等绿色能源企业，该政策为国家财政部门通过创建绿色能源专项补贴基金，对绿色能源行业的企业进行补贴，其中针对风电场的直补政策为国家财政部在审核后对符合补贴条件的风电机组按照一定程度电价格给予补贴。

因此，从补贴政策的角度可以看出，国家面对风电场最主要的补贴为给予符合补贴条件的风电机组按 600 元/kW 进行补贴，假设所购风机均满足补贴条件，则在风机使用年限内政府的年均补贴值为

$$W_4 = \frac{600Z}{t_s} \qquad (5\text{-}6)$$

本书将风电场在风电机组使用年限内的政府年均补贴作为风电工程中风电场收益的指标之一。

3. 风电社会效益

电作为一种特殊的商品，早已进入千家万户。风电是新能源，产品是电，也要进入市场，若单纯以市场为导向同等竞争，目前状况下常规能源占优势。

而相比传统发电能源在发电过程中对环境造成的危害，风力发电在节能与环保方面具备天然优势，存在明显的社会效益。文献对风电的节能效益、减排效益、削减风害效益等社会效益进行分析，并量化为值 F_{social}，具体如下。

1）减排效益

以风电代替等电量的煤电，可减少污染物包括烟尘（烟尘污染造成砷中毒与氟中毒）、二氧化碳（温室效应）、二氧化硫（酸雨）、一氧化氮、灰渣（影响植物生长）。

2）节水效益

在火电厂中，锅炉通过烧出高压蒸汽来推动汽轮发电机运行，然后高压蒸汽需经冷却塔冷却，快速凝结为水。因此，无论是锅炉还是冷却水塔，都需要消耗质量较高的水资源，加上火电机组在排污过程中仍需要较大水量，风电对于水资源的节约具有一定的意义。

3）节煤效益

我国煤炭资源总量丰富，但人均占有少，后备资源不足。同时，煤炭资源虽分布广泛，但分布不均，在耗煤量较大的东部地区储藏量极少。此外，当前我国煤炭开采技术不高、开采过度，存在资源浪费的问题，且环境问题日趋严重，因此风力发电具备一定的节煤效益。

4）削减风害的效益

多年来，由于森林采伐，风沙加剧了荒漠化。大型风电场的风电机群可吸取部分风能，使风力减缓，起到了防风林带的作用。著名的"陆上三峡"甘肃风电场即变风害为风利的典范。

本书将风电所带来的社会效益作为风电送出工程收益中的一项指标，记为 W_5，其表达式为

$$W_5 = T_p Z_p F_{social} \tag{5-7}$$

5.3　风电预测误差及含风电电力系统安全域分析

本节首先介绍 BP（back propagation）神经网络算法与非参数核密度估计法的原理，基于 BP 神经网络算法进行风功率点估计曲线的预测，并结合非参数核密度法给出本书对风电预测误差的估计方法，为后续风电装机规划模型的提出与求解提供基础。然后介绍风电接入对系统安全域的影响，进行系统调峰能力的分析与负调峰能力的建模，并以负荷需求较小时刻系统负调峰容量之和作为本书评价含风电电力系统安全域的指标，同时是风电装机规划模型中的目标函数之一。

5.3.1　适用于风电装机规划的风电预测误差

大规模风电接入电力系统后，风电出力的随机性、不确定性将会给系统的安全、电力电量平衡带来巨大压力。为引导有序有效的风电规划，提高当地风电渗透率的同时确保供电安全性，对风电预测误差应具备一定的辨识度，在经济性与安全性可控的前提下对风电装机容量进行规划。风电功率区间预测，作为风电预测误差的一种描述方法，能够估计出不同置信概率下风电在某一时刻的出力上下限。规划人员可根据不同的风电预测置信概率来确定风电预测的波动大小，进一步研究某一风电装机规划方案下系统的安全性与风电场的经济性。因此，本书选用风电区间预测方法对风电预测误差进行描述。

1. BP 神经网络

人工神经网络无须事先知道输入与输出之间对应的数学关系，只需要通过自身的学习与训练，获取某种特定的规则，便可以在输入一定值时获取近似期望值的输出结果。现代心理学和神经生理学是人工神经网络模型的研究基础，其网络系统是非线性的、有动能的，且与人脑有一定的相同之处，无数类似人脑的神经元组成了神经网络，并能够学习、拟合某些生物神经所具备的功能。人工神经网络的发源可以追溯到 1940 年，其经历了兴起、衰落、兴盛。神经网络有多种类型，其中较有代表性的有 Hopfield 神经网络、Blotzman 神经网络、BP 神经网络以及径向基函数神经网络等。神经网络是一种新的模式识别技术，可以处理定量与定性、不确定与未知的信息，在各行各业都有着巨大的发挥潜力。

BP 神经网络即误差反向传播神经网络，基本思想为最小二乘法，它通过使用梯度搜索技术，使网络的期望输出值与实际输出值的误差均方值最小。BP 神经网络算法的学习包括两个过程，即正向传播与反向传播。当信息正向传播时，其由输入层经过隐藏层，在多次处理后再传入输出层。如果此时输出层的信息与所期望得到的信息不符合，那么由此形成的误差信息会反向传播，经过隐藏层处理后再次回到输入层，同时修正网络系统的阈值与权值，使得信息误差缩小至一定精度。在 BP 神经网络的模式识别中，需要对输入与输出的数据结构进行标准化，同时运用神经网络学习算法，使得训练样本以标准化的模式进行学习，从而不断地调整网络系统中的权值与阈值，直到所训练的神经网络能够形成自主识别信息模式的数据库，即可对新的输入信息进行模式识别。

1）正向传播

隐藏层神经元的输入是所有输入层信息的加权之和，即

$$x_j = \sum_i w_{ij} x_i \tag{5-8}$$

式中，x_j 为第 j 个隐藏层神经元的输入；x_i 为第 i 个输入层神经元信息；w_{ij} 为第 i 个输入层神经元和第 j 个隐藏层神经元之间的权值。

隐藏层神经元的输出 x_j' 通过 S 函数对 x_j 的作用后，得

$$x_j' = f(x_j) = \frac{1}{1 + e^{-x_j}} \tag{5-9}$$

则有

$$\frac{\partial x'_j}{\partial x_j} = x'_j(1 - x'_j)$$ （5-10）

输出层神经元的输出则变为

$$x_l = \sum_j w_{jl} x'_j$$ （5-11）

式中，x_l 为第 l 个输出层神经元的输出；x'_j 为第 j 个隐藏层神经元的输出；w_{jl} 为第 j 个隐藏层神经元与第 l 个输出层神经元之间的权值。

那么，网络第 l 个输出与其对应的理想输出 x_l^0 的误差为

$$e_l = x_l^0 - x_l$$ （5-12）

第 p 个样本的误差性能指标函数 E_p 为

$$E_p = \frac{1}{2} \sum_{k=1}^{M} e_l^2$$ （5-13）

式中，M 为神经网络输出层的个数。

2）反向传播

根据梯度下降法的规则，对各层之间的权值进行调整，其学习规则如下。

输出层与隐藏层之间的权值 w_{jl} 的学习规则为

$$\Delta w_{jl} = -r \frac{\partial E_p}{\partial w_{jl}} = r e_l \frac{\partial x_l}{\partial w_{jl}} = r e_l x'_j$$ （5-14）

式中，r 为神经网络的学习速率因子，取值为 0～1。

$k+1$ 时，BP 网络输出层与隐藏层之间的权值 $w_{jl}(k+1)$ 为

$$w_{jl}(k+1) = w_{jl}(k) + \Delta w_{jl}$$ （5-15）

隐藏层与输入层之间的权值 w_{ij} 的学习规则为

$$\Delta w_{ij} = -r \frac{\partial E_p}{\partial w_{ij}} = r \sum_{l=1}^{M} e_l \frac{\partial x_l}{\partial w_{jl}}$$ （5-16）

$t+1$ 时刻，BP 网络隐藏层与输入层之间的权值 $w_{ij}(t+1)$ 为

$$w_{ij}(t+1) = w_{ij}(t) + \Delta w_{ij}$$ （5-17）

如果将前一次的权值变化所造成的影响计算入内，那么该时刻的权值应引入一系数 β，其表达式为

$$w_{jl}(k+1) = w_{jl}(k) + \Delta w_{jl} + \beta(w_{jl}(k) - w_{jl}(k-1))$$
$$w_{ij}(t+1) = w_{ij}(t) + \Delta w_{ij} + \beta(w_{ij}(t) - w_{ij}(t-1))$$ （5-18）

式中，β 取值为 0～1。

BP 神经网络的具体学习过程为以下几步。

（1）设置一较小的非零初始权系数 $w(0)$。

（2）将样本的输入输出标准化，计算 BP 神经网络的输出。若此时有第 p 组的样本输入输出对，如式（5-19）所示：

$$
\begin{aligned}
x_p &= (x_{1p}, x_{2p}, \cdots, x_{mp}) \\
d_p &= y_p, \quad p = 1, 2, \cdots, L
\end{aligned}
\tag{5-19}
$$

式中，x_p 为样本输入；d_p 为样本输出；L 为样本总数。

那么，隐藏层神经元 j 在第 p 组样本的输入 x'_{jp}、输出 y_{np} 为

$$
\begin{aligned}
x'_{jp} &= f(x_{jp}) = f\left(\sum_i w_{ij} x_{ip}\right) \\
y_{np} &= f_n(x_{np}) = f_n\left(\sum_j w_{j2} x'_{jp}\right)
\end{aligned}
\tag{5-20}
$$

（3）计算 BP 神经网络的学习状态评估函数 U。设 BP 神经网络的目标函数在第 p 组样本输入时的目标函数 E_p 为

$$
E_p = \frac{(y_p - y_{np})^2}{2} = \frac{e_p^2}{2}
\tag{5-21}
$$

式中，y_p 为输出层在第 p 组样本输入时的输出值。此时神经网络的学习状态评估函数 U 的大小为

$$
U = \sum_p E_p
\tag{5-22}
$$

（4）判断：若 $U \leqslant \lambda$，则 BP 神经网络学习结束，否则进入步骤（5）。其中，λ 为预置的一正数。

（5）反向传播计算。根据梯度下降法，将权值按照输出层到输入层的顺序逐层调整，调整大小为 Δw_{ij}。学习速率因子 r 越大，权值的调整速度越快。

2. 基于 BP 神经网络的风功率点预测曲线

本节首先运用 BP 神经网络算法，基于风电场出力的历史数据，确定风功率的点预测曲线。对风功率的点估计值进行预测，其流程如图 5-3 所示。具体步骤如下：

（1）确定预测时间尺度 t，这里时间尺度代表预测周期，可为年、周、天等。

（2）根据预测时间尺度 t，确定 BP 神经网络中训练样本的输入矩阵 M_1 与输出矩阵 M_2，其中 M_1 与 M_2 分别如式（5-23）和式（5-24）所示：

$$
M_1 = \begin{bmatrix}
p_{o(t)}(1) & p_{o(t)}(2) & \cdots & p_{o(t)}(24) \\
p_{o(t)+t}(1) & p_{o(t)+t}(2) & \cdots & p_{o(t)+t}(24) \\
\vdots & \vdots & & \vdots \\
p_{i-2t}(1) & p_{i-2t}(2) & \cdots & p_{i-2t}(24) \\
p_{i-t}(1) & p_{i-t}(2) & \cdots & p_{i-t}(24)
\end{bmatrix}
\tag{5-23}
$$

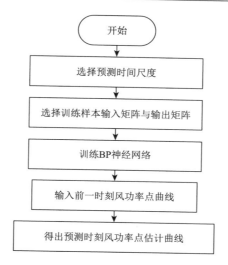

图 5-3　风功率的点估计曲线获取步骤

$$M_2 = \begin{bmatrix} p_{o(t)+t}(1) & p_{o(t)+t}(2) & \cdots & p_{o(t)+t}(24) \\ \vdots & \vdots & & \vdots \\ p_{i-2t}(1) & p_{i-2t}(2) & \cdots & p_{i-2t}(24) \\ p_{i-t}(1) & p_{i-t}(2) & \cdots & p_{i-t}(24) \\ p_i(1) & p_i(2) & \cdots & p_i(24) \end{bmatrix} \tag{5-24}$$

式中，$p_i(k)$ 为风电历史数据库中第 i 天第 k 时刻的风电出力值；$p_{o(t)}(k)$ 为 t 时间尺度下风电历史数据库中的第一个数据日第 k 时刻的风电出力值。

（3）基于 M_1 与 M_2，利用 MATLAB 中的 BP 神经网络工具箱，训练神经网络函数，如图 5-4 所示。其中，Epoch 为神经网络的训练次数，这里设置为 1000；Time 为神经网络函数的已训练时长；Performance 为神经网络函数的均方根误差，这里设置为 1.00×10^{-5}；Gradient 为神经网络函数的曲面误差梯度，这里设置为 1.00×10^{-7}；Mu 为神经网络函数曲面误差梯度的一个参数；Validation Checks 为神经网络函数误差检测次数，这里设置为 15。

（4）输入第 i 天的风功率出力曲线，得到第 $i+t$ 天的风功率点出力曲线。

3. 基于风功率点预测曲线与非参数核密度估计法的风电误差预测方法

基于 BP 神经网络所得的风功率点预测曲线，本节采用非参数核密度估计法对风电预测波动区间进行计算。对于非参数核密度估计法的理论知识在本书 2.2 节已经介绍，下面直接列出具体步骤。

（1）确定风功率预测区间数。将风功率的预测值按照功率大小水平进行分类，并划分为多个功率区间，然后对每一个功率区间的预测误差进行统计分析，风功率预测值的区间数 l 由式（5-25）确定：

$$l = \frac{P_{\max} - P_{\min}}{\Delta P} + 1 \tag{5-25}$$

式中，$P_{\max}$ 为风功率最大值；$P_{\min}$ 为风功率最小值；ΔP 为功率区间长度。

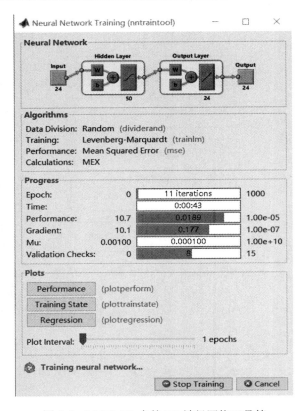

图 5-4　MATLAB 中的 BP 神经网络工具箱

（2）计算风功率预测误差的概率密度函数。对于已划分好的区间 L_i，其风功率预测误差的概率密度函数可以表示为

$$f(e) = \frac{1}{nv}\sum_{i=1}^{n} G\left(\frac{e - e_i}{v}\right) \qquad (5\text{-}26)$$

式中，e 为风功率预测误差样本；$f(e)$ 为相应的概率密度函数。核函数 $G(\cdot)$ 选用 Gauss 函数。

（3）计算不同置信概率下风电预测波动区间。对风功率的预测误差概率密度函数进行积分，得到其累积概率分布函数 $F(u)$，其中 u 为风功率预测误差的随机变量，则风功率预测值 P_y 在置信概率 $1-\beta$ 下的误差波动范围可表示为

$$[P_y + F'(\beta_1), P_y + F'(\beta_2)] \qquad (5\text{-}27)$$

式中，$\beta_1 = \beta/2$，$\beta_2 = 1-\beta/2$，$F'(\cdot)$ 为 $F(u)$ 的反函数。

5.3.2　适用于风电装机规划的含风电电力系统安全域

近几年，我国风电的发展模式正由小规模、分散、就地并网，向大规模、高密度、跨区域发展。而随着大规模风电的并入，风电在多个时间尺度上具备的出力波动性、随机性，

使得电网难以消纳高渗透率的风电,造成了不可避免的弃电操作,这不仅危害系统的经济性、安全性,更使得当地风资源利用率进一步降低。实际运行经验表明,现阶段我国大规模风电接入的一大障碍便是系统的调峰能力,而由风电接入引起的其他问题,如电压稳定、系统潮流、电能质量等,可在局部电网内部进行解决,不足以限制大规模风电并入。

与常规发电机组不同,风力发电具有间歇性、随机性及不可控性。在电力系统规划中,如果将风电装机容量视作电力系统,需要额外对应增加调节的容量,将严重高估风电并网带来的调峰问题,不利于风电产业的发展;如果忽视、不考虑风电对应的调峰问题,其结果就是大量风电并入后受制于系统调峰能力不足而无法并网运行发电。由前面调峰章节部分可知系统调峰能力与负荷曲线及机组出力有关,可由图 5-5 进行描述。

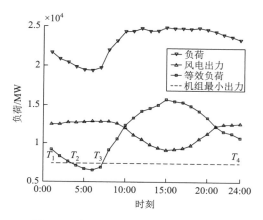

图 5-5　含风电电力系统调峰调度曲线

在含风电电力系统日调度问题中,通常将风电出力作为负的负荷,然后在原负荷曲线上剔除风电出力值得到等效负荷曲线,最后按照等效负荷曲线对常规机组的启停、出力大小进行安排,以使其满足系统负荷需求。如图 5-5 所示,在系统原负荷需求较高时段($T_1 \sim T_2$、$T_3 \sim T_4$),等效负荷与常规机组最小出力间具备一定空间,常规机组可进行相应安排以满足系统负荷需求;而在系统原负荷低谷时期($T_2 \sim T_3$),风电出力所具备的反调峰特性,使得此时等效负荷值低于常规机组最小出力水平,系统无法进行调峰。

系统的负调峰能力为,当电网中注入的风功率提高时,常规发电机组所能够降低的功率值的能力,负调峰容量即常规机组调整后与调整前的输出功率大小之差。在本书 4.2 节已给出含风电电力系统负调峰能力模型,已知当不考虑网络损耗时,t 时刻的最大调节容量 $\Delta P_{t,\max}$ 为

$$\Delta P_{t,\max} = P_{\mathrm{L},t} - \sum_{i=1}^{N} I_{i,t} P_{i,\min} \qquad (5\text{-}28)$$

根据式(5-28)可知,当系统在时刻 t 的负荷需求 $P_{\mathrm{L},t}$ 较大时,此时系统的负调峰容量较大,系统具备较为充足的安全域;当系统在时刻 t 的负荷需求 $P_{\mathrm{L},t}$ 较小时,此时系统的负调峰容量较小,系统存在弃风弃电的风险。因此,本书将负荷需求较小时刻的负调峰容量之和作为评价系统安全域的指标,如式(5-29)所示:

$$\Delta H = \sum_{t \in T_L} \left[P_{L,t} - \sum_{i=1}^{N} I_{i,t} P_{i,\min} \right] \qquad (5\text{-}29)$$

式中，T_L 为系统负荷需求较小的时刻点的集合。

5.4 风电装机规划多目标模型与求解算法

5.4.1 风电装机规划多目标模型

目前对于风电装机规划问题往往是基于风电场效益进行研究的，大多分析风电场初期建设成本与后期运行维护费用，建立以风电场净收益最大为目标的风电装机规划模型。而风电出力具有不确定性、随机性、反调峰性等特点，含风电电力系统极易出现调峰能力不足的情况，严重损害系统安全裕度[28]。为此，在前文的基础上，考虑风电经济社会综合效益与含风系统的安全域，提出兼顾经济性与安全性的风电装机规划多目标模型。

1. 目标函数

这里以风电场经济社会综合效益最大与系统低谷时刻负调峰能力最大为目标函数，建立风电装机规划多目标模型，如式（5-30）所示：

$$\max : F = \sum_{i=3}^{5} W_i - \sum_{j=1}^{2} W_j \qquad (5\text{-}30)$$
$$\max : \Delta H$$

式中，F 为风电场年效益（元）；W_i 分别由式（5-1）、式（5-3）、式（5-5）～式（5-7）所得；ΔH 为负荷低谷时刻的负调峰容量（MW），由式（5-29）所得。

2. 约束条件

（1）有功功率平衡约束，即

$$\sum_{i=1}^{N} I_{i,t} P_{i,t} + W_{p,t} - L_t = 0 \qquad (5\text{-}31)$$

式中，L_t 为时刻 t 系统的负荷值（MW）；$I_{i,t}$ 为时刻 t 常规机组 i 的启停状态，即 0 或 1；$P_{i,t}$ 为时刻 t 常规机组的出力值（MW）；$W_{p,t}$ 为风电在时刻 t 的出力值，其表达式为

$$W_{p,t} = Z P_r^t \qquad (5\text{-}32)$$

式中，Z 为风电装机容量（kW）；P_r^t 为年典型日时刻 t 的风电出力同时率，为 BP 神经网络预测值。

（2）常规机组备用约束，即

$$\sum_{i=1}^{N} I_{i,t} P_{i,\max} + W_{p,t} \geqslant L_t + R_t \qquad (5\text{-}33)$$

式中，$P_{i,\max}$ 为常规机组 i 最大技术出力（MW）；R_t 为 t 时刻系统的备用需求。

（3）常规机组出力大小约束，即

$$P_{i,\min} \leqslant P_{i,t} \leqslant P_{i,\max} \tag{5-34}$$

式中，$P_{i,\min}$ 为常规机组 i 最小技术出力（MW）。

（4）常规机组爬坡约束，即

$$P_{i,t} - P_{i,t-1} \leqslant P_{i,\mathrm{up}}, \qquad P_{i,t} \geqslant P_{i,t-1}$$
$$P_{i,t} - P_{i,t-1} \leqslant P_{i,\mathrm{down}}, \qquad P_{i,t} \leqslant P_{i,t-1} \tag{5-35}$$

式中，$P_{i,\mathrm{up}}$ 为常规机组 i 单位时间内最大的上升功率（MW）；$P_{i,\mathrm{down}}$ 为常规机组 i 单位时间内最大的下降功率（MW）。

（5）风电装机量约束，即

$$Z \leqslant Z_{\mathrm{m}} \tag{5-36}$$

式中，Z_{m} 为最大装机容量（kW）。

5.4.2　风电装机规划多目标模型求解算法

求解风电装机规划多目标模型是典型的多目标优化问题。若存在一多目标问题，且其目标为求各目标函数的最小值，如式（5-37）所示：

$$\min_{x}\{f_1(x), f_2(x), \cdots, f_n(x)\} \tag{5-37}$$

则该多目标模型的解一般由一个集合组成。这是由于优化的多目标之间常常存在矛盾性，一个目标函数值的优化会伴随其他目标函数值的劣化，并非所有的目标都达到最优。例如，本书所提模型中的风电经济社会效益的提高，会伴随着风电装机规划容量的提高，增加系统的风电渗透率，进而影响系统的安全域与负调峰能力。

将多目标优化问题的最优解集称为 Pareto 前沿，其最早由法国经济学家 Pareto 提出，在本书 4.4 节已介绍相关定义。

由以上分析可知，获取 Pareto 前沿是求解多目标问题的第一步骤。Pareto 前沿的获取方法主要分为矢量化法和标量法。矢量算法具备较强的全局搜索能力，基于迭代与进化的方式对 Pareto 解集进行搜寻，标量法具备实现较为简单且求解速率较高的特点。归一化法线约束法是一种获得多目标问题 Pareto 前沿的有效方法，由 Messac 等[27] 提出。对于多目标优化问题，归一化法线约束法通过对多目标问题可行域进行重构与划分，缩小优化问题的 Pareto 解搜索空间，依据单一目标函数值获取 Pareo 前沿。该方法不仅实现较为简便，同时能够较为均匀地排列可行域中的 Pareto 解，获得较为理想的 Pareto 前沿。其原理在本书 4.4.2 节中已介绍，在此不再赘述。

1. 基于数学方法的折中方案

由于风电规划不具备可逆性，在获得 Pareto 前沿中的一系列可参考方案后，规划人员仍需权衡经济性和系统安全性，从前沿中选取较为折中的方案，作为最终方案。

目前有研究基于模糊理论求取 Pareto 前沿中的折中解，其过程如下。

（1）计算模糊集。模糊集如式（5-38）所示的隶属函数确定：

$$\delta_i = \begin{cases} 0, & g_i \geqslant g_{i,\max} \\ \dfrac{g_{i,\max} - g_i}{g_{i,\max} - g_{i,\min}}, & g_{i,\min} \leqslant g_i \leqslant g_{i,\max} \\ 1, & g_i \leqslant g_{i,\min} \end{cases} \tag{5-38}$$

式中，$g_{i,\max}$、$g_{i,\min}$ 为 Pareto 前沿中第 i 个目标的最大值和最小值。

（2）计算模糊隶属度。对于 Pareto 前沿中的第 j 个非支配解，其经标准化的模糊隶属度 δ_j 可由式（5-39）计算得出：

$$\delta_j = \frac{\displaystyle\sum_{j=1}^{M_{\mathrm{g}}} \delta_{i,j}}{\displaystyle\sum_{j=1}^{J}\sum_{i=1}^{M_{\mathrm{g}}} \delta_{i,j}} \tag{5-39}$$

式中，J 为 Pareto 前沿中非支配解的个数；M_{g} 为目标个数；折中方案则为集合 $\{\delta_j\}$ 中较大值所对应的解。

2. 结合风电预测误差的优化方案

然而，前面提出的基于数学方法的传统折中解是以风功率点预测曲线较为精准为前提，且仅从数学角度所给出的规划方案，并没有考虑到实际应用中风电出力预测误差对风电规划的影响。在这种方案下，系统将存在两种缺陷：其一，在风电预测置信概率较高时，风电波动性较大，此时系统存在负调峰容量不足、安全域降低的风险；其二，在风电预测置信概率较低时，风电波动性较小，此时系统将出现风电渗透率未达到系统消纳能力的情形，使得当地风资源浪费、清洁能源利用率低。

为此，本书根据 5.3.1 节所述的风电误差预测方法，结合风电预测误差结果，拟定更加贴合实际的方案，具体步骤如下：

（1）通过归一化法线约束法计算风电装机规划多目标模型的 Pareto 前沿，将 Pareto 前沿提供的一系列规划方案作为参考；

（2）规划人员参考当地气象特点、风电预测历史精准度等因素，选取合适的风电预测置信概率；

（3）考虑风电预测误差，选取相应置信概率下风电预测波动上限的出力曲线，计算各参考方案下当地年典型日各时刻的负调峰容量；

（4）依据计算结果，将各时刻均能应对风电接入对系统安全域影响的方案中风电渗透率最大的方案作为最终优化方案。

5.5　算例分析

为验证所提方法有效性，以 MATLAB 2016a 为仿真平台，基于某省电网 2016 年实际数据进行仿真分析。该省 2016 年风电装机量为 2040MW，火电机组装机容量为 27300MW，风电上网标杆电价为 0.62 元/kWh，风电机组设备选取华润风机。

5.5.1　风电预测误差

根据 5.3.1 节提出的方法，针对该省风电历史数据进行仿真分析，基于 BP 神经网络得到其年典型日的风功率点预测曲线如图 5-6 所示，点预测曲线的预测偏差如图 5-7 所示。基于非参数核密度法得到70%～100%置信概率下的风电波动区间如图 5-8～图 5-11 所示。预测误差示意如图 5-12 所示。

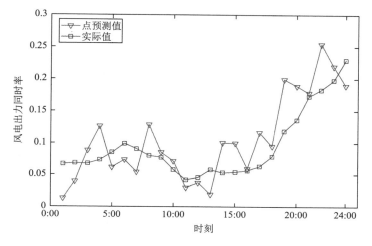

图 5-6　某省年典型日风功率点预测曲线

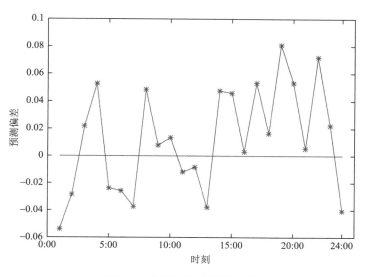

图 5-7　点预测曲线预测偏差

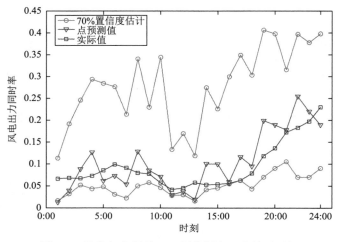

图 5-8　某省年典型日 70%置信概率风电波动区间

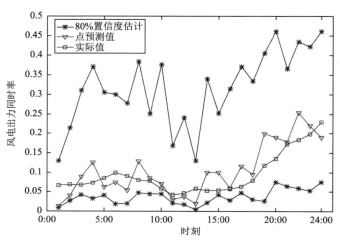

图 5-9　某省年典型日 80%置信概率风电波动区间

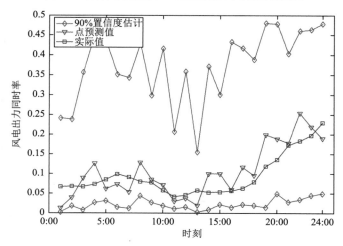

图 5-10　某省年典型日 90%置信概率风电波动区间

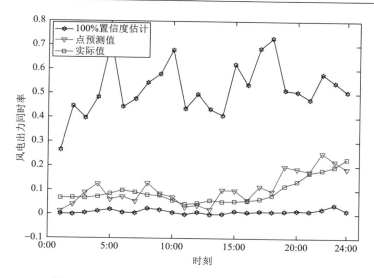

图 5-11 某省年典型日 100%置信概率风电波动区间

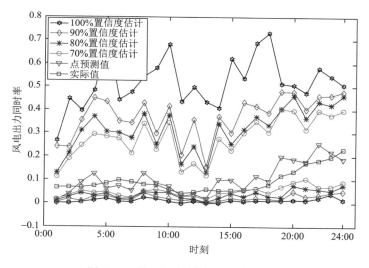

图 5-12 某省年典型日风电预测误差

图 5-6、图 5-8～图 5-12 中，横坐标代表年典型日的时刻，纵坐标代表风电出力同时率（风电出力大小与风电装机容量的比值）。

由图 5-7 可知，基于 BP 神经网络算法所得的风功率点预测值与实际值相比，预测偏差最大值约为 8%，预测偏差最小值接近 0，大部分预测值的偏差保持在 6%以内，即风功率点预测曲线与实际值大小相近，变化走势趋同。

由图 5-8～图 5-11 可知：基于非参数核密度估计法对风电波动区间进行预测时，随着置信概率的提高（70%～100%），风电出力的波动区间逐渐增大，且波动区间的上限值相比点预测值有较大增幅。

因此，若风电预测出现误差，且波动较大，极容易导致规划的风电装机容量超出系统可消纳的能力范围。

5.5.2　风电装机规划多目标模型 Pareto 前沿及传统折中方案

1. Pareto 前沿

根据前文所得的风功率点预测曲线，将其代入风电装机规划多目标模型中，并通过归一化法线约束法得到该模型的 Pareto 前沿，如图 5-13 所示。

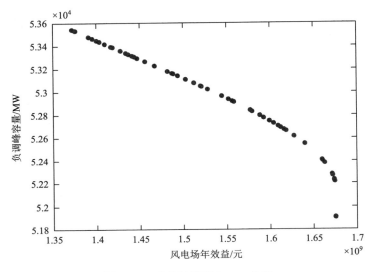

图 5-13　多目标模型 Pareto 前沿

图 5-13 横坐标代表多目标模型的目标函数之一风电场年效益，纵坐标代表多目标模型的另一目标函数负调峰容量，图中每一粒子代表该多目标模型的非支配解，所有粒子组成了该多目标模型的 Pareto 前沿。由图 5-13 可以看出，对于 Pareto 前沿中的每一个解，随着风电场年效益的增加，负调峰容量逐渐减小。因此，需找出一折中解作为风电装机规划的最终方案。

2. 基于模糊理论的折中方案

根据 5.4.2 节所述，对于求得的 Pareto 前沿，首先找到前沿上所有非支配解中风电场年效益与负调峰容量的最大值，按照式（5-38）计算该 Pareto 前沿的模糊集，然后按照式（5-39）对 Pareto 前沿上的每个非支配解计算其模糊隶属度，并选取模糊隶属度最大的解作为折中方案，如图 5-14 所示。

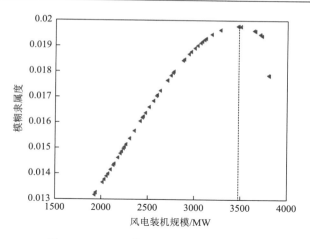

图 5-14　Pareto 前沿非支配解模糊隶属度

图 5-14 横坐标代表风电装机规模，纵坐标对应 Pareo 前沿上不同非支配解下多目标模型的模糊隶属度。如图 5-14 所示，在装机容量为 2000～3500MW 时，随着装机容量的提高，多目标模型的模糊隶属度逐渐提高。在装机容量为 3500～3800MW 时，随着装机容量的提高，多目标模型的模糊隶属度逐渐降低。选取模糊隶属度最高的非支配解作为折中方案，在该方案下，以式（5-30）为目标函数、式（5-31）～式（5-36）为约束条件计算系统各机组出力值，得到该省年典型日的日调峰曲线如图 5-15 所示。

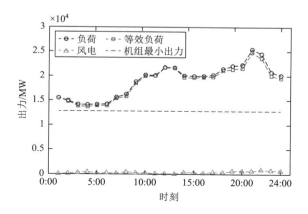

图 5-15　折中方案下基于风功率点预测值的日调峰曲线

图 5-15 中，等效负荷代表负荷与风电出力的差值，等效负荷与常规机组最小出力曲线间的空间大小即表征系统的负调峰容量。由图 5-15 可知，当风电出力曲线采用点预测值时，系统在各个时刻仍具备一定的负调峰容量。

然而，由于此时风电曲线的处理采取点预测值，未考虑风电预测的波动性，所以该折中方案存在以下两种问题：

（1）若风电预测置信概率较高，则风电出力波动上限大大增加，系统在负荷低谷时期将极易出现负调峰能力不足的情况，不仅严重损害系统的安全性，同时将导致弃风这一不利于节约能源、损害系统整体运行经济性的操作。图 5-16～图 5-19 给出了折中方案下基于风电 70%～100%置信概率上限的典型日调峰曲线。表 5-1 给出了折中方案下负荷低谷时段基于风电不同置信概率波动上限的负调峰容量。

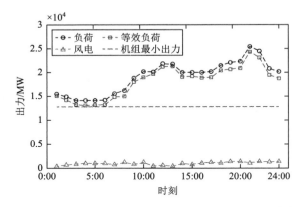

图 5-16　折中方案下基于风电 70%置信概率上限的调峰曲线

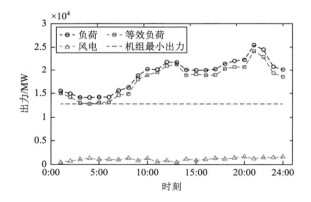

图 5-17　折中方案下基于风电 80%置信概率上限的调峰曲线

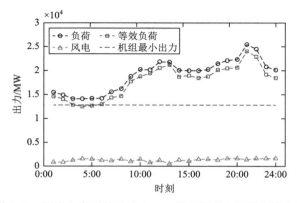

图 5-18　折中方案下基于风电 90%置信概率上限的调峰曲线

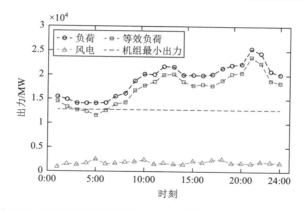

图 5-19　折中方案下基于风电 100%置信概率上限的调峰曲线

表 5-1　折中方案下负荷低谷时刻的负调峰容量（单位：MW）

置信概率	时刻 3	时刻 4	时刻 5	时刻 6
70%	478	303	394	455
80%	260	−8	324	374
90%	102	−231	−117	199
100%	−35	−345	−1080	−114

如图 5-17～图 5-19 所示，当风电以 80%～100%置信概率上限出力时，若仍按照折中方案进行风电装机规划，则该省系统在典型日负荷低谷时段存在负调峰容量不足的问题。由表 5-1 可知，当风电出力按照置信概率为 80%的波动上限出力时，折中方案已经难以应对风电出力波动性，在时刻 4 存在负调峰容量不足的情况。当风电置信概率提高时，负调峰容量不足的问题进一步凸显。

（2）若风电预测置信概率较低，风电出力波动上限少量增加，则由表 5-1 与图 5-16 可知，当置信概率为 70%时，系统在负荷低谷时期仍拥有过于充足的负调峰容量，说明在该折中方案下，该省并没有成功利用当地风资源，风电经济社会效益具有一定的提升空间，系统仍具备一定的风电消纳能力。

以上分析验证了本书所提观点，即依靠传统的数学方法（模糊理论）获取折中解并作为最终方案不适用于风电装机规划问题，需要更加贴合实际的方案选取方法。

5.5.3　考虑风电预测误差的优选方案

根据前文所述，将所得 Pareto 前沿中所有风电规划方案作为备选方案，根据实际情况选定可接受的风电预测置信概率，基于不同置信概率下风电出力预测区间上限，从备选方案中选取各时刻负调峰容量均能够应对风电预测出力上限波动的方案，作为最终的推荐方案。

本书将方案 1、方案 2、方案 3、方案 4 分别作为风电预测置信概率 70%、80%、90%、100%下所对应的推荐方案，各方案在 Pareto 前沿上的位置如图 5-20 所示。各推荐方案及其对应风电置信概率下的典型日调峰曲线如图 5-21～图 5-24 所示。各推荐方案数据以及与折中方案的对比情况如表 5-2 所示。

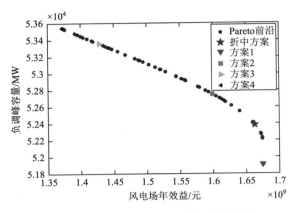

图 5-20　各方案在 Pareto 前沿上的位置

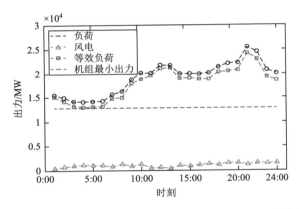

图 5-21　推荐方案 1（基于风电 70%置信概率上限的调峰曲线）

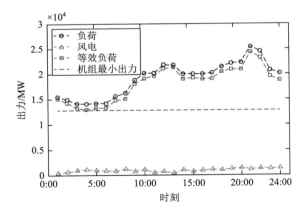

图 5-22　推荐方案 2（基于风电 80%置信概率上限的调峰曲线）

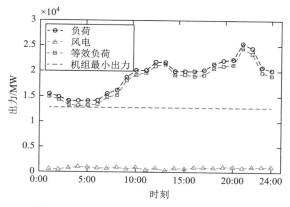

图 5-23　推荐方案 3（基于风电 90%置信概率上限的调峰曲线）

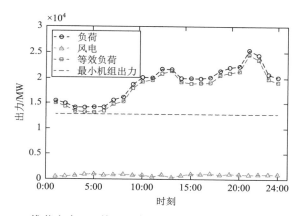

图 5-24　推荐方案 4（基于风电 100%置信概率上限的调峰曲线）

表 5-2　考虑风电预测误差的风电装机规划方案

方案	指标 1		指标 2		指标 3	
	风电装机容量/MW	增比	风电年效益/亿元	增比	负调峰容量/MW	增比
折中方案	3503	—	16.62	—	52381	—
方案 1	3809	8.7%	16.75	0.8%	51916	−0.9%
方案 2	3005	−14.2%	15.99	−3.8%	52749	0.7%
方案 3	2183	−37.7%	14.28	−14.1%	53357	1.9%
方案 4	1930	−44.9%	13.72	−17.4%	53544	2.2%

由表 5-2 可知：

（1）当规划人员较为乐观，接受风电预测 70%的置信概率时，可采用方案 1 作为最终规划方案。该方案相比传统的折中方案，能够进一步提高系统的风电渗透率，提高 8.7%的风电装机容量，增加 0.8%的风电经济社会效益。同时结合图 5-21 可知，方案 1 相比于传统方案在降低 0.8%的系统负调峰容量后仍能够应对风电出力的波动性，有效解决了传统方案难以最大化利用当地风资源的问题。

（2）当规划人员较为保守，选择接受风电预测 80%、90%、100%的置信概率时，可分别采用方案 2、3、4 作为最终规划方案。结合图 5-22～图 5-24 可知，方案 2、3、4 与传统方案相比，以牺牲部分风电经济社会效益为代价，换取系统应对风电波动所需的负调峰容量，保障系统安全裕度，有效解决了传统折中方案难以应对较高置信概率风电波动的问题。

各推荐方案基于其对应风电预测概率区间上限的各时段负调峰容量曲线如图 5-25 所示。

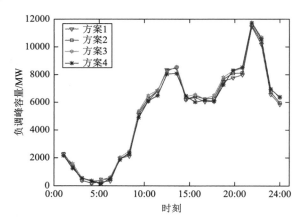

图 5-25　各推荐方案下各个时段的负调峰容量曲线

由图 5-25 可知，各推荐方案基于其对应风电预测置信概率区间上限的各时段负调峰容量均大于 0，且低谷时期的负调峰容量已足够应对风电出力波动性。各推荐方案在负荷低谷时期的负调峰容量如表 5-3 所示。

表 5-3　各推荐方案在负荷低谷时段的负调峰容量（单位：MW）

方案	时刻 3	时刻 4	时刻 5	时刻 6
方案 1	378	183	277	342
方案 2	382	184	444	462
方案 3	562	316	412	627
方案 4	548	366	124	538

由表 5-3 可知，在负荷低谷时刻 3:00～6:00，各推荐方案均能够保证系统具备充足的安全裕度，且在系统极易出现负调峰能力不足的 4:00、5:00，常规机组仍具备一定的可调节容量。

综上，在得到 Pareto 前沿获取所有风电规划方案的备选方案后，规划人员可根据风电预测的准确度，选择其可接受的风电预测置信概率，考虑风电预测误差，进一步从备选方案中选出与之对应的最优方案，在保证系统安全裕度的前提下，尽可能地提高当地风电渗透率。对于该省电网，在风电预测置信概率为 100%时，选择约 1930MW 作为风电规划容量；在置信概率为 90% 时，选择约 2183MW 作为风电规划容量；在置信概率为 80% 时，选择约 3005MW 作为风电规划容量；在置信概率为 70% 时，选择约 3809MW 作为风电规划容量。

参 考 文 献

[1] 刘新东，方科，陈焕远，等. 利用合理弃风提高大规模风电消纳能力的理论研究[J]. 电力系统保护与控制，2012，40（6）：35-39.

[2] Keane A，Milligan M，Dent C J，et al. Capacity value of wind power[J]. IEEE Transactions on Power Systems，2011，26（2）：564-572.

[3] 薛禹胜，雷兴，薛峰，等. 关于风电不确定性对电力系统影响的评述[J]. 中国电机工程学报，2014，34（29）：5029-5040.

[4] 艾欣，周树鹏，赵阅群. 考虑风电不确定性的用户侧分时电价研究[J]. 电网技术，2016，40（5）：1529-1535.

[5] 李世春，邓长虹，龙志君，等. 适应于电网高风电渗透率下的双馈风电机组惯性控制方法[J]. 电力系统自动化，2016，40（1）：33-38.

[6] 吴臻，刘军，谢胤喆，等. 含风电安全约束机组组合的旋转备用优化[J]. 电力系统及其自动化学报，2015，27（1）：86-91.

[7] 魏晓霞. 发展中国家（地区）风电装机规划及我国风电发展重点建议[J]. 电力科技与环保，2011，27（6）：51-53.

[8] 张旭，罗先觉，赵峥，等. 以风电场效益最大为目标的风电装机容量优化[J]. 电网技术，2012，36（1）：237-240.

[9] 白玉东，王承民，衣涛，等. 基于柔性分析的风电并网容量优化建模[J]. 电力系统自动化，2012，36（12）：17-24.

[10] 孙鹏，罗明武，孙朝霞，等. 采用改进杜鹃搜索算法的主动配电网双层分布式风电规划方法[J]. 电网技术，2016，40（9）：2743-2751.

[11] 高赐威，何叶，胡荣. 考虑大规模风电接入的电力规划研究[J]. 电网与清洁能源，2011，27（10）：53-59.

[12] 高赐威，吴天婴，何叶，等. 考虑风电接入的电源电网协调规划[J]. 电力系统自动化，2012，36（22）：30-35.

[13] 吴俊，李国杰，孙元章. 基于随机规划的并网风电场最大注入功率计算[J]. 电网技术，2007，（14）：15-19.

[14] 王锡凡，王碧阳，王秀丽，等. 面向低碳的海上风电系统优化规划研究[J]. 电力系统自动化，2014，38（17）：4-13.

[15] 刘文霞，凌云顿，赵天阳. 低碳经济下基于合作博弈的风电容量规划方法[J]. 电力系统自动化，2015，39（19）：68-74.

[16] 陈通谟. 试述风电社会效益的量化[J]. 内蒙古电力技术，1998，（6）：37-39.

[17] 王卿然，谢国辉，张粒子. 含风电系统的发用电一体化调度模型[J]. 电力系统自动化，2011，35（5）：15-18.

[18] 卢锦玲，苗雨阳，张成相，等. 基于改进多目标粒子群算法的含风电场电力系统优化调度[J]. 电力系统保护与控制，2013，41（17）：25-31.

[19] 刘文颖，谢昶，文晶，等. 基于小生境多目标粒子群算法的输电网检修计划优化[J]. 中国电机工程学报，2013，33（4）：141-148.

[20] 吴小刚，刘宗歧，田立亭，等. 基于改进多目标粒子群算法的配电网储能选址定容[J]. 电网技术，2014，38（12）：3405-3411.

[21] 吴杰康，唐利涛，黄焱，等. 基于遗传算法和数据包络分析法的水火电力系统发电多目标经济调度[J]. 电网技术，2011，35（5）：76-81.

[22] 侯海洋. 电力建设项目的多目标综合优化研究[D]. 北京：华北电力大学，2012.

[23] 梅生伟，王莹莹，刘锋. 风-光-储混合电力系统的博弈论规划模型与分析[J]. 电力系统自动化，2011，35（20）：13-19.

[24] 穆永铮，鲁宗相，周勤勇，等. 基于可靠性均衡优化的含风电电网协调规划[J]. 电网技术，2015，39（1）：16-22.

[25] 周莹. 促进大规模风电消纳的风电价格机制研究[D]. 北京：华北电力大学，2013.

[26] 康世崴，彭建春，何禹清. 模糊层次分析与多目标决策相结合的电能质量综合评估[J]. 电网技术，2009，33（19）：113-118.

[27] Messac A，Ismail-Yahaya A，Mattson C A. The normalized normal constraint method for generating the Pareto frontier[J]. Structural& Multidisciplinary Optimization，2003，25（2）：86-98.

[28] Abido M A. Environmental/economic power dispatch using multiobjective evolutionary algorithms[J]. IEEE Transactions on Power Systems，2003，18（4）：920-925.

第6章 含大规模风电电力系统的无功优化

6.1 引 言

6.1.1 研究背景及意义

随着我国风电事业的发展，风电并网的比例越来越大，风电并入电网的难题日益突出。相对于传统能源，风电等新能源的随机性和波动性给电力系统带来很多不确定因素。尤其是给电力系统无功/电压控制方面带来一系列巨大的挑战。

本节针对风电随机性及波动性的建模主要集中在电力系统稳态运行范围以内，风电预测被当成已知条件作为风电随机性的输入数据，风电的随机性采用场景分析法进行分析。风电并入电力系统中，对电力系统的运行和规划带来了不同程度的影响，对风电的建模也提出了不同的要求。因此，将电力系统的规划刻画为静态场景，而将电力系统的运行刻画为动态场景。静态场景在考虑风电不确定性的中长期时间尺度的电力系统规划等问题是适用的，如概率潮流、最优潮流和静态经济调度。从时间的相关性出发进行考虑，可利用动态场景模型，如日前经济调度[1]以及日前动态无功优化[2, 3]等。因此，利用场景分析技术模拟风电的随机性和波动性，建立风电静态和动态运行场景具有更好的系统网损和电压概率特性，有利于提高电网经济效益，对电力系统规划和运行具有重要意义。

6.1.2 国内外研究现状

无功优化计及时间尺度可以分为静态离散无功优化和动态离散无功优化。含风电电力系统静态无功优化是在系统结构参数、负荷的有功和无功、有功电源出力给定的情况下，通过调节发电机无功出力、无功补偿设备出力及可调变压器的分接头，使目标函数最小，同时满足运行约束条件即变压器分接头位置上下限约束、电容器上下限约束等，以及状态约束的条件，如节点电压幅值、无功电源出力等。再加上新能源出力的不确定性等概率特性，因此其问题属于计及新能源概率特性的离散变量与连续变量共存的大规模非线性混合整数规划问题。含风电接入电网的静态无功优化（optimal reactive power dispatch，ORPD）主要是风电建模处理以及风电带入系统后的静态无功优化建模。文献[4]和[5]利用搜寻者算法求解了无功优化模型，并通过与传统遗传算法（conventional genetic algorithm，CGA）、自适应遗传算法（adaptive genetic algorithm，AGA）等算法进行对比，得出该算法的优越性。文献[6]首先建立了风电和光伏的模型来刻画其随机性，其次利用半不变量方法分析了节点电压对系统产生的影响。文献[7]基于概率统计思想建立了风电的模型，利用场景分析方法进行配电网的无功优化。文献[8]基于遗传算法对含风电的无功优化进行求解,在此过程中,风电从额定容量、切入风速、额定风速和切出风速的差异进行归类,由此得到场景来刻画风电随机性。文献[9]利用随机响应面法来刻画风电的不确定性,并将其代入系统进行概率潮流分析,由此将该模型代入系统进行无功优化,并验证该模型的有效性。文献[10]提出了一种带有场景发生概率的有功网损和静态电压稳定裕度的指标,根据该指标提出一种新型的无功优化模型。文献[11]在同时接入风能、太阳能的系统中利用化学反应的方法求解无功优化模型,通过与遗传算法、生物地理学算法、粒子群优化算法的对比验证了该方法的准确性。

含风电的电力系统动态无功优化(dynamic optimal reactive power dispatch,DORPD)是指在给定系统的网络结构参数、未来一天的负荷以及风电的有功无功出力变化曲线的情况下,通过调节有载变压器分接头和电容器的无功出力,在满足各种物理约束和运行约束的条件下,使整个电网全天的损耗最小、电能质量最优。加之由于制造技术的限制,电容器和变压器不可能像静态无功优化一样频繁调节,因此问题变为计及时间相关性的强耦合问题,动态无功变成了计及风电概率特性的非线性混合整数动态优化问题。关于动态无功优化问题目前已经提出了各种解决方案,对于控制变量为连续性的动态无功问题主要有线性规划[12]、二次规划[13]、内点编程[14-16]和人工智能方法[16, 17]等。在这些方法中,将连续变量四舍五入为最接近的整数值。由于数值近似,这样的方法有可能导致变量违背约束条件[18];同时,四舍五入的方法处理整数优化问题,对于步长比较大的器件,可能效果不理想[19]。针对此问题,采用内点罚函数法,通过加入罚函数以达到优化要求[19, 20]。也有采用对负荷分段的方法,利用启发式的方法来处理,负荷分段使得动态无功自动满足动作次数的约束[21]。目前对于风电接入电网的动态无功的研究还较少,大部分还是按照静态无功优化的方法来进行处理,只是在时间耦合性上及变压器和电容器动作次数上进行了处理。

6.2　风电运行场景静态无功优化

场景聚类分析是处理风电静态时间断面随机性的典型方法,然而由于风电出力对电力系统规划运行的影响具有复杂的非线性,传统风电场景(wind power scenario,WPS)模型难以保证风电场景与电力系统优化结果保持一致。为此,不同于先对风电场景聚类再进行无功优化的传统方法,本书先将风电出力样本代入无功/电压优化,对优化结果的无功/电压控制矢量进行场景聚类,再映射出风电的场景聚类,从而提出含大规模风电电力系统的无功/电压运行场景模型。考虑到 K-means 聚类方法难以确定聚类数的问题,通过聚类指标得到运行场景(operation scenario,OS)的最佳聚类数。利用澳大利亚 2 个风电场实际数据进行静态场景建模,然后将采样数据用于 IEEE 30 节点系统中,分别进行传统风电场景分析和提出的运行场景分析,比较系统网损和电压的概率特性,验证所提运行场景分析方法的合理性和优越性。

6.2.1　静态无功优化模型及求解方法

电力系统中的静态无功优化问题,目标函数是以有功网损、发电机无功偏差和节点电压偏差之和作为无功优化目标函数。对于静态优化，不用考虑时间的耦合特性，因此对于电容器、变压器档位调节次数可以不做考虑。

1. 无功优化模型

1）目标函数

（1）网损平均值：

$$\overline{\text{Ploss}} = \frac{\sum_{k=1}^{K}\sum_{t=1}^{B}G_t(V_{ik}^2 + V_{jk}^2 - 2V_{ik}V_{jk}\cos\theta_{ikjk})}{K} \tag{6-1}$$

式中，K 为随机变量采样规模；B 为总支路数；V_{ik} 为节点 i 的第 k 次采样的电压幅值；G_t 为支路电导；θ_{ikjk} 为支路两端节点第 k 次采样的电压相角差。

（2）发电机无功偏差平均值：

$$\begin{cases} \overline{\Delta Q_g} = \dfrac{\sum_{k=1}^{K}\sum_{t=1}^{N_G}\left|\Delta Q_{gk}^t\right|}{K} \\ \Delta Q_{gk}^t = Q_{gk}^t - Q_{gk}^{t\max}, & Q_g^t > Q_g^{t\max} \\ \Delta Q_{gk}^t = Q_{gk}^{t\min} - Q_{gk}^t, & Q_g^t < Q_g^{t\min} \\ \Delta Q_{gk}^t = 0, & \text{其他} \end{cases} \tag{6-2}$$

式中，N_G 为发电机总数；ΔQ_{gk} 为发电机第 k 次采样的无功偏差；Q_{gk} 为发电机第 k 次采样的无功实际值；$Q_{gk}^{t\max}$ 和 $Q_{gk}^{t\min}$ 分别为发电机的第 k 次采样的无功上限值和下限值。

（3）节点电压平均值：

$$\begin{cases} \overline{\Delta V_{PQ}} = \dfrac{\sum_{k=1}^{K}\sum_{t=1}^{N_{PQ}}\left|\Delta V_{PQ}^{t,k}\right|}{K} \\ \Delta V_{PQ}^{t,k} = V_{PQ}^{t,k} - V_{PQ}^{t\max,k}, & V_{PQ}^{t,k} > V_{PQ}^{t\max,k} \\ \Delta V_{PQ}^{t,k} = V_{PQ}^{t\min,k} - V_{PQ}^{t,k}, & V_{PQ}^{t,k} < V_{PQ}^{t\min,k} \\ \Delta V_{PQ}^{t,k} = 0, & \text{其他} \end{cases} \tag{6-3}$$

式中，N_{PQ} 为 PQ 节点总数；ΔV_{PQ} 为 PQ 节点电压第 k 次采样的偏差；V_{PQ} 为 PQ 节点电压第 k 次采样的实际值；$V_{PQ}^{t\max,k}$ 和 $V_{PQ}^{t\min,k}$ 分别为 PQ 节点电压第 k 次采样的上限值和下限值。

（4）目标函数加权值：

$$F_{\min} = \overline{\text{Ploss}} + \lambda_Q\overline{\Delta Q_g} + \lambda_V\overline{\Delta V_{PQ}} \tag{6-4}$$

式中，λ_Q 和 λ_V 分别为发电机无功和节点电压越限罚因子。

2）约束条件

（1）等式约束条件。根据电网潮流计算方程，可得到该等式约束为

$$\begin{cases} P_i - V_i \sum_{i=1}^{N} V_j (G_{ij} \cos \theta_{ij} + B_{ij} \sin \theta_{ij}) = 0 \\ Q_i - V_i \sum_{i=1}^{N} V_j (G_{ij} \sin \theta_{ij} - B_{ij} \cos \theta_{ij}) = 0 \end{cases} \tag{6-5}$$

（2）不等式约束：

$$\begin{cases} V_{\text{G min}} \leqslant V_{\text{G}} \leqslant V_{\text{G max}} \\ K_{\text{T min}} \leqslant K_{\text{T}} \leqslant K_{\text{T max}} \\ Q_{\text{C min}} \leqslant Q_{\text{C}} \leqslant Q_{\text{C max}} \end{cases} \tag{6-6}$$

式中，$V_{\text{G max}}$ 和 $V_{\text{G min}}$ 分别为发电机端电压上限值和下限值；$K_{\text{T max}}$ 和 $K_{\text{T min}}$ 分别为可调变压器分接头的上限值和下限值；$Q_{\text{C max}}$ 和 $Q_{\text{C min}}$ 分别为补偿电容器投切组数的上限值和下限值。

2. 静态无功优化求解方法

本节静态无功优化采用文献[22]提出的改进粒子群优化算法进行求解计算，其速度更新公式如下：

$$v_i(t) = K\{\omega(t) \times v_i(t-1) + c_1 \times \text{Rand}()[p_{i,\text{best}} - x_i(t-1)] + c_2 \times \text{Rand}() \times [\bar{g}_{\text{best}} - \bar{x}_i(t-1)]\} \tag{6-7}$$

式中，$v_i(t)$ 是粒子的当前速度；$v_i(t-1)$ 是粒子前一时刻的速度；$\text{Rand}()$ 是均匀分布于 0 和 1 之间的随机数；c_1 和 c_2 是学习因子或加速常数；$x_i(t-1)$ 是粒子前一时刻的位置，如式（6-8）所示：

$$x_i(t) = v_i(t) + x_i(t-1) \tag{6-8}$$

收缩因子 K 的表示方法为

$$\begin{cases} K = \dfrac{2}{\left| 2 - \phi - \sqrt{\phi^2 - 4\phi} \right|} \\ \phi = c_1 + c_2, \quad \phi > 4 \end{cases} \tag{6-9}$$

本章采用线性递减权重原则来动态调整惯性权重值，如式（6-10）所示：

$$w(t) = w_{\text{max}} - \frac{(w_{\text{max}} - w_{\text{min}}) \times t}{T_{\text{max}}} \tag{6-10}$$

式中，w_{max}、w_{min} 分别为权重的最大值和最小值，其值分别取 0.95 和 0.4；T_{max} 为最大迭代次数。

6.2.2　聚类分析方法及其有效性

聚类分析是把一些具有相似特性的数据集合在一起的一种算法，常用的聚类分析方法有划分聚类法、层次聚类法、密度聚类法和网格聚类法等。在电力系统领域，聚类分析已经成功广泛应用于场景生成、故障筛选、负荷预测等方面。

1. 聚类方法

对于数据的聚类，采用划分聚类方法中比较成熟的 K-means 聚类，具体过程如下：

（1）假设需要聚类的数据为 $Z_{N×M}$，N 为样本容量，M 为每个样本观测指标。令 $t=1$，选取 L 个初始凝聚点 $Z_j(t), j=1,2,\cdots,L$。

（2）计算每个样本与凝聚点之间的欧氏距离 $D(Z_i, Z_j(t)), i=1,2,\cdots,N$，求得 m 满足式（6-11）：

$$D(Z_i, Z_m(t)) = \min\{D(Z_i, Z_j(t)), i=1,2,\cdots,N\}, \quad m \in [1, L] \tag{6-11}$$

则样本数据 Z_i 属于 C_m 类；将所有样本归类后完成初始聚类，每类中样本数量用 n_j 表示。

（3）按式（6-12）重新计算 L 个新的聚类中心：

$$Z_j(t+1) = \frac{1}{n_j} \sum_{i=1}^{n_j} Z_i^{(j)} \tag{6-12}$$

式中，Z_i 为第 j 类样本中的数据。

（4）若 $Z_j(t+1) = Z_j(t)(j=1,2,\cdots,L)$，则聚类结束，否则令 $t=t+1$，返回 1。

2. 聚类有效性

David-Bouldin 指数（K_{DBI}）是一种评估度量聚类算法有效性的指标。K_{DBI} 定义了分散度的值 S_i，表示第 i 个类中度量数据点的分散程度；距离值 M_{ij} 表示第 i 类与第 j 类的距离；相似度值 R_{ij} 用于衡量第 i 类与第 j 类的相似度。K_{DBI} 指数表达式如下：

$$\begin{cases} S_i = \left\{ \frac{1}{T_i} \sum_{j=1}^{T_i} |X_j - A_i|^q \right\}^{\frac{1}{q}} \\ M_{ij} = \left\{ \sum_{k=1}^{N} |a_{ki} - a_{kj}|^p \right\}^{\frac{1}{p}} \\ R_{ij} = (S_i + S_j)/M_{ij} \\ K_{DBI} = \frac{1}{N} \sum_{i=1}^{N} R_i \end{cases} \tag{6-13}$$

式中，X_j 表示第 i 类中第 j 个数据点；A_i 表示第 i 类的中心；T_i 表示第 i 类中数据点的个数；$q=1$ 时 S_i 表示各点到中心距离的均值，$q=2$ 时 S_i 表示各点到中心距离的标准差，它们都可以用来衡量分散程度；a_{ki} 表示第 i 类中心点 A_i 的第 k 个属性值；M_{ij} 是第 i 类中心与第 j 类中心间的 p 范数距离；R_i 为 R_{ij} 在 $j=1,2,\cdots,N(j \neq i)$ 时的最大值，即第 i 类与其他类相似度的最大值。最后，计算每个类的最大相似度均值，便可得到 K_{DBI} 指数。分类个数的不同可以导致 K_{DBI} 的值不同，K_{DBI} 值越小，分类效果越好。

6.2.3 风电场景和运行场景模型建立

场景划分是根据已有数据的特征，通过聚类得到多种可能的场景，其中每种场景代表一个可能发生的并且各方面条件已知的未来环境,在此基础上各种影响因素都是确定的。由于风电的特点,可以使用场景划分的方法,从不同的角度出发得到不同类型的场景划分。如果直接利用风电的数据特征进行划分,则可以得到传统风电场景。但是如果从电力系统运行结果的角度,又可以得到风电运行场景。

1. 风电场景模型

　　传统风电场景划分指的是根据风速特征或风电有功出力特征构建随机样本,通过计算不同风速(电)特征样本间的距离,如闵可夫斯基距离里的欧氏距离,然后以该距离进行聚类得到各个不同的场景,在得到的场景下进行无功优化。但是传统的风电场景聚类没有考虑系统的运行特性,而只有风速或风电信息,当风电随机性较大时,可能难以得到较好的系统运行性能。

　　结合 K-means 聚类方法,建立风电场景模型,流程如图 6-1 所示。

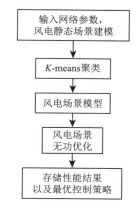

图 6-1　建立风电场景模型流程图

2. 运行场景模型

　　运行场景划分指的是将风电场每一个风电有功出力随机样本代入系统中,进行无功优化,得到优化结果,对优化结果进行聚类分析,产生与系统运行特性相关的各个运行场景,将运行场景映射到风电聚类,得到风电运行场景。该方法不仅考虑了风电的随机特性,同时将风电的场景划分建立在系统运行优化的基础上,从而更利于指导系统规划与运行。

　　结合 K-means 聚类方法以及无功优化结果,建立运行场景模型,其流程如图 6-2 所示。具体过程如下:

　　(1)风电静态场景建模采样。按照第 2 章静态场景分析方法进行风电静态场景建模分析并采样得到数据样本。

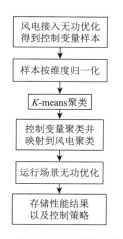

图 6-2　建立运行场景模型流程图

　　(2)无功优化。风电随机出力样本接入系统进行无功优化,得到相应的控制变量样本。

　　(3)数据归一化。由于控制变量不同维数据的量纲和数量级不同,因此对控制变量各维进行归一化处理。

　　(4)控制变量样本聚类。采用 K_{DBI} 指标,得出最佳聚类数,然后采用 K-means 聚类方法得到 N 个运行场景,并映射出风电场景划分。

　　(5)运行场景无功优化。对各运行场景进行无功优化,得到每个场景唯一的控制变量。

　　(6)存储性能结果以及最优控制策略。根据各个场景下的网损、电压以及无功情况,采用统计方法得到各个场景下的数据特征以及分布曲线,然后存储每个场景的最优控制策略。

6.2.4　算例分析

本节采用 IEEE30 节点系统进行仿真测试，如图 6-3 所示。以澳大利亚某地区两个相邻风电场为例，分别用 WF1（40MW）和 WF2（80MW）表示，其 3 个月实测出力数据共 24974 组。该系统包含 41 条支路（其中 4 条装有可以调节的变压器），21 个负荷节点，2 个风电场，6 个发电机，3 台并联电容器（每台 50 个档，每档调节无功补偿量为 1Mvar）。

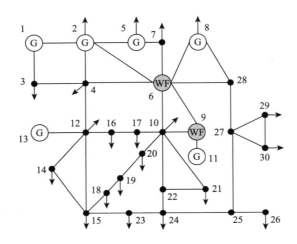

图 6-3　含两个风电场的 IEEE30 节点系统

无功优化采用粒子群优化算法，以有功网损、发电机无功偏差和节点电压偏差加权和最小作为目标函数，以电网潮流、发电机端电压可调变压器分接头、电容器投切组数上下限为约束条件，求得风电样本最优无功控制变量，各控制变量的详细信息如表 6-1 所示。

表 6-1　IEEE30 节点系统控制变量信息表

控制变量	所在位置（节点/支路）	上限	下限	步长	档数	变量性质
机端电压	1, 2, 5, 8, 11, 13	1.06	0.94	—	—	连续
变压器变比	6-9, 6-10, 4-12, 28-27	1.1	0.9	0.0125	16	离散
并联电容器	3, 10, 24	50	0	1	50	离散

1. 场景数选取

为了得出合理的场景数 N，利用澳大利亚某地区相邻风电场（分别用 WF1 和 WF2 表示）的实测数据进行静态场景建模，然后采样 24974 组数据，按 6.2.2 节得到 K_{DBI} 指标，如图 6-4 所示。由图 6-4 可知，对于风电场景，聚类数为 $K = 7$ 时 K_{DBI} 取得极小值；在增大聚类数时 K_{DBI} 值呈整体上升趋势，因此风电场景聚类数选为 7。对于运行场景，聚类数为 $K = 6$ 时 K_{DBI} 取得极小值，因此其聚类数选为 6。

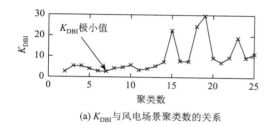 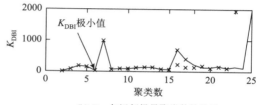

(a) K_{DBI} 与风电场景聚类数的关系　　　　(b) K_{DBI} 与运行场景聚类数的关系

图 6-4　K_{DBI} 与聚类数的关系

2. 对比分析

根据 6.2.3 节分别得到风电场景和运行场景，两类场景下的聚类中心功率及其所占比例如表 6-2 所示。风电场景总共 7 类，用 S1～S7 表示，风电场出力越大，所占比例越小，符合风电出力的规律。运行场景共 6 类，在风电出力最大的场景 S6 所占比例反而与场景 S4、S2 相当，一定程度上反映了运行场景不仅包含了风电的信息，也反映了系统的运行特性。图 6-5 和图 6-6 给出了风电场景与运行场景的聚类散点图，可以明显看出风电场景的散点图只是按照风电的大小依次分类，然而运行场景则打乱了风电出力的有序性，更加有力地说明运行场景更多反映了系统的特性，因此也进一步说明了传统风电场景的不合理性。

表 6-2　风电场景与运行场景聚类表

场景	运行场景中心功率/MW	运行场景所占比例/%	风电场景中心功率/MW	风电场景所占比例/%
S1	(5.75, 12.21)	9.41	(0.99, 1.86)	28.70
S2	(5.91, 12.70)	19.49	(4.13, 8.62)	22.56
S3	(6.34, 13.50)	37.23	(7.85, 25.15)	17.23
S4	(8.23, 17.44)	13.98	(11.33, 25.15)	12.67
S5	(9.18, 19.54)	1.08	(15.78, 35.74)	9.69
S6	(11.09, 23.52)	18.82	(21.32, 46.46)	5.52
S7	—	—	(30.88, 60.98)	3.63

 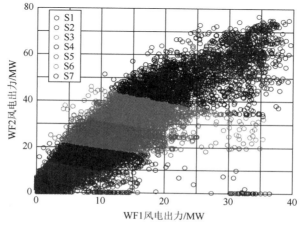

图 6-5　风电场景的聚类散点图

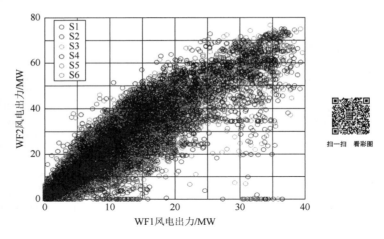

图 6-6　运行场景的聚类散点图

表 6-3 给出了网损的最大值、最小值、均值、方差及 T 检验结果。T 检验是一种对统计数据做均值的显著性检验，在本章中 T 检验显著性水平均为 0.05。T 检验时，假设样本数据 A 与 B 的均值相等，则 $h = 0$；反之则不等。若在均值相等的情况下，判断置信区间 CI，若 A 与 B 比较 CI < 0，则 A 优于 B；反之亦然。显然运行场景网损的最大值、均值和方差均优于风电场景，其中均值为 15.62MW，比风电场景少了 0.23MW。不仅如此，从 T 检验来看，$h = 1$ 且置信区间位于小于零的一侧，说明运行场景具有明显优于风电场景的统计特性。

表 6-3　风电场景与运行场景网损对比

评价指标	电压最大值/MW	电压最小值/MW	电压均值/MW	电压方差	h	CI
风电场景	25.60	6.42	15.85	8.36	—	—
运行场景	25.16	6.87	15.62	7.81	1	[−0.28, −0.18]

表 6-4 给出了电压最大值、最小值及偏差期望，风电场景的电压最大值大于运行场景的电压最大值，电压最小值小于运行场景的电压最小值，从系统运行角度来看，显然运行场景优于风电场景，不仅如此，从偏差期望来看，运行场景也是优于风电场景的。

表 6-4　风电场景与运行场景电压对比

评价指标	电压最大值/p.u.	电压最小值/p.u.	电压偏差期望/p.u.
风电场景	1.0613	0.9374	4.33×10^{-4}
运行场景	1.0600	0.9420	2.69×10^{-4}

同时，图 6-7 给出了 30 个节点电压期望的标幺值，由图可知，运行场景都在额定值附近，相对于风电场景更具有优越性。图 6-8 给出了风电场景和运行场景 30 节点电压越

限的情况, 风电场景电压越限的节点个数明显多于运行场景。图 6-9 和图 6-10 分别给出了运行场景和风电场景 30 节点电压幅值的概率密度函数, 运行场景多数集中在 1 和 0.96 附近, 而风电场景主要集中在 0.96, 因此风电场景越限的可能性大大提高。

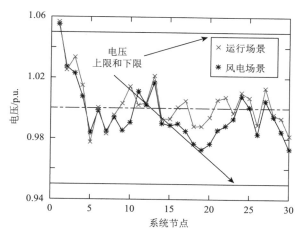

图 6-7　节点电压期望的标幺值

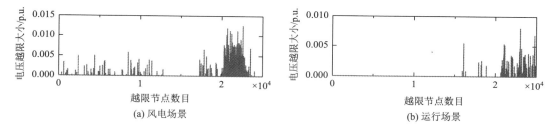

图 6-8　30 节点电压越限值

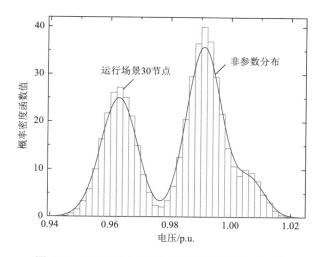

图 6-9　运行场景 30 节点电压幅值概率密度函数

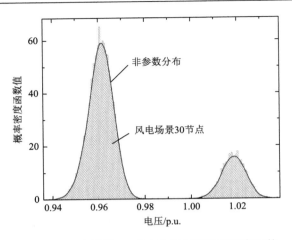

图 6-10　风电场景 30 节点电压幅值概率密度函数

利用与上述相同的方法得到了如表 6-5 所示风电场景与运行场景目标函数的对比。表 6-5 给出了无功优化目标函数（网损、电压越限以及无功越限的加权和）的最大值、最小值、平均值、方差以及 T 检验结果。从中可以看出，显然运行场景的最大值、平均值和方差均优于风电场景，其中风电场景平均值为 15.9025，比运行场景多了 0.1001。不仅如此，从 T 检验来看，$h=1$，置信区间中心点位于小于零的一侧，说明运行场景从统计特性上明显优于风电场景。同时，运行场景每个场景目标函数都比较接近，而风电场景的目标函数波动幅度比较大，不仅没有平抑风电给系统带来的劣根性，反而给规划人员带来诸多不利。

表 6-5　风电场景与运行场景目标函数对比

评价指标	最大值	最小值	平均值	方差	h	CI
风电场景	28.3758	7.1559	15.9025	8.4015	—	—
运行场景	28.1435	9.6541	15.8024	7.1722	1	[−0.1465, 0.0568]

6.3　风电灵敏度场景静态无功优化

基于 6.2 节，为了得到系统的控制变量，首先需进行无功优化，反推得到运行场景，然后将其接入系统进行无功优化，所需计算时间较长。为了提高计算效率，从系统特性的另一个角度出发，先利用电压网损灵敏度计算方法，计算多风电场出力样本的网损/电压灵敏度，再基于主成分分析构建联合网损/电压灵敏度特征空间，并在此基础上进行场景聚类，得到多风电场网损/电压灵敏度场景，从而提出含多风电场的电力系统无功/电压灵敏度场景分析方法。以澳大利亚两个风电场的实际数据为基础，进行静态场景建模，然后采样得到数据样本，将其接入 IEEE30 节点系统中，分别进行传统风电场景分析和所提出的灵敏度场景分析，比较系统网损和电压的概率特性，验证灵敏度场景分析方法的有效性和优越性。由此，充分考虑风电以及风电接入电力系统后的系统运行特性，引入含大规模风电电力系统无功/电压优化的灵敏度场景（sensitivity scenario，SS）模型，利用灵敏度空间的场景聚类结果，指导含大规模风电电力系统的无功/电压优化，通过算例验证所提模型的有效性。

6.3.1　灵敏度计算

1. 网损灵敏度

网损灵敏度是指电力系统有功网损对节点注入有功功率和无功功率的灵敏度。设电力系统的总节点数为 N，则网损为

$$\overline{\mathrm{Ploss}} = \sum_{i=1}^{N} U_i \sum_{j=1}^{N} U_j (G_{ij}\cos\delta_{ij} + B_{ij}\sin\delta_{ij}) \tag{6-14}$$

根据全微分公式可以推出式（6-15）：

$$\frac{\partial \overline{\mathrm{Ploss}}}{\partial Q_i} = \frac{\partial \overline{\mathrm{Ploss}}}{\partial U}\frac{\partial U}{\partial Q_i} + \frac{\partial \overline{\mathrm{Ploss}}}{\partial \theta}\frac{\partial \theta}{\partial Q_i} \tag{6-15}$$

因此可以写出其矩阵形式变换为

$$\begin{bmatrix} \dfrac{\partial \overline{\mathrm{Ploss}}}{\partial U} \\[3mm] \dfrac{\partial \overline{\mathrm{Ploss}}}{\partial \theta} \end{bmatrix} = \begin{bmatrix} \dfrac{\partial P_i}{\partial U} & \dfrac{\partial Q_i}{\partial U} \\[3mm] \dfrac{\partial P_i}{\partial \theta} & \dfrac{\partial Q_i}{\partial \theta} \end{bmatrix} \begin{bmatrix} \dfrac{\partial \overline{\mathrm{Ploss}}}{\partial P_i} \\[3mm] \dfrac{\partial \overline{\mathrm{Ploss}}}{\partial \theta_i} \end{bmatrix} \tag{6-16}$$

根据数学矩阵的运算法则和牛顿潮流约束方程以及雅可比矩阵的计算可以推出，电力系统网损对节点功率变化的灵敏度如式（6-17）所示：

$$S_1 = \begin{bmatrix} \dfrac{\partial \overline{\mathrm{Ploss}}}{\partial P_i} \\[3mm] \dfrac{\partial \overline{\mathrm{Ploss}}}{\partial Q_i} \end{bmatrix} = (J^{\mathrm{T}})^{-1} \begin{bmatrix} \dfrac{\partial \overline{\mathrm{Ploss}}}{\partial \theta_i} \\[3mm] U_i \dfrac{\partial \overline{\mathrm{Ploss}}}{\partial U_i} \end{bmatrix} \tag{6-17}$$

式中，J 为雅可比矩阵。

2. 电压灵敏度

电压灵敏度是指各节点无功功率改变所引起节点电压的变化。根据节点电压的牛顿-拉夫逊的潮流计算：

$$\begin{aligned} \Delta P_i &= \sum_{j=1}^{n} \frac{\partial \Delta P_i}{\partial \theta_j}\Delta\theta_j + \sum_{j=1}^{n} \frac{\partial \Delta P_i}{\partial U_j}\Delta U_j \\ \Delta Q_i &= \sum_{j=1}^{n} \frac{\partial \Delta Q_i}{\partial \theta_j}\Delta\theta_j + \sum_{j=1}^{n} \frac{\partial \Delta Q_i}{\partial U_j}\Delta U_j \end{aligned} \tag{6-18}$$

得到该矩阵形式为

$$\begin{bmatrix} \Delta P \\ \Delta Q \end{bmatrix} = J \begin{bmatrix} \Delta \theta \\ U^{-1}\Delta U \end{bmatrix} \tag{6-19}$$

式中，矩阵 J 为雅可比矩阵。

令 $\Delta P = 0$ 时，则电压灵敏度矩阵为

$$S_2 = \frac{\Delta U}{\Delta Q} = U(-JH^{-1}N + L)^{-1} \tag{6-20}$$

6.3.2　灵敏度场景

传统风电场景根据风速特征或风电有功出力特征构建随机样本，通过计算不同风速（电）特征样本间的距离，如闵可夫斯基距离里的欧氏距离，进行聚类得到各个不同的场景，再对得到的场景进行无功优化。结合 K-means 聚类方法，建立风电场景模型，具体过程见 6.2 节。

但是传统的风电场景聚类没有考虑系统的运行特性，而只有风速或风电信息，当风电随机性较大时，可能难以得到较好的系统运行性能。而风电接入的电压/网损灵敏度，则能反映风电对系统运行的影响，因此本章基于此建立包含系统特性的风电灵敏度场景。

1. 联合网损电压灵敏度特征空间构造

将风电场每一个风电出力随机样本代入系统中，利用灵敏度计算方法得到网损灵敏度 S_1 和电压灵敏度 S_2。假定风电接入系统中有 N 个节点，其中 PV 节点有 M 个，PQ 节点有 $N-M-1$ 个，所以根据雅可比矩阵可以得到 S_1 维数为 $2(N-1)-M$，S_2 维数为 $N-M-1$，因此得到总的联合网损电压灵敏度矢量样本为 $[S_1, S_2]$，矢量维数为 $3N-2M-3$。

针对联合网损电压灵敏度，首先进行主成分分析。主成分分析基本原理如下：根据数据当中变化的方差大小来确定主次关系，根据主次关系的顺序来确定各个主成分。主成分分析综合评价法是从原始数据所给定的信息直接确定权重，进而进行评价的方法。其中主成分的各个权重是主成分的方差贡献率，如果某个主成分贡献率大，那么相应的权重也大。利用主成分分析方法得到贡献率大于 98% 的前 s 个主成分，这 s 个主成分就是网损和电压灵敏度的联合灵敏度（unity sensitivity，US）特征空间。其次将得到的联合网损电压灵敏度进行聚类分析，产生与系统运行特性相关的各个关于灵敏度的场景，将得到的场景再映射到风电聚类场景，得到风电灵敏度场景。该方法不仅考虑了风电的随机特性，同时将风电的场景划分建立在系统运行优化的基础上，从而更利于指导系统运行。

2. 灵敏度场景模型

灵敏度场景划分指的是结合 K-means 聚类方法及联合灵敏度信息，建立灵敏度场景模型，其流程如图 6-11 所示。具体过程如下：

（1）风电静态场景建模采样。按照 6.2.3 节静态场景分析方法进行风电静态场景建模分析并进行采样得到数据样本。

（2）灵敏度计算。风电随机出力样本接入系统进行灵敏度计算，得到相应的灵敏度矢量样本。

（3）联合灵敏度特征空间构造。通过主成分分析方法构造特征空间。

（4）数据归一化。灵敏度变量不同维数据的量和数量级不同，应对控制变量各维进行归一化处理。

（5）联合灵敏度特征空间场景划分。采用 K_{DBI}，得出灵敏度场景的最佳聚类数，然后采用 K-means 聚类方法得到 N 个联合灵敏度场景。

（6）无功优化。对各灵敏度场景进行无功优化，得到每个场景唯一的共享控制变量形态。

（7）存储性能结果以及最优控制策略。根据各个场景下的网损、电压以及无功情况，采用统计方法得到各个场景下的数据特征以及分布曲线，对系统运行状态进行概率分析。

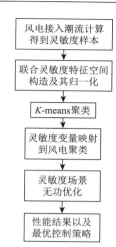

图 6-11　建立灵敏度场景模型流程图

6.3.3　算例分析

仿真系统与 6.2 节一致。下面根据该系统进行具体分析。

1. 联合灵敏度空间构造

根据上述灵敏度求取方法及主成分分析，在节点 6 和节点 9 接入澳大利亚两个风电场 2015 年 1 月至 2016 年 7 月的风电的历史数据，进行静态场景模型的建立，采样点为 8000 个，30 节点系统当中 PQ 节点有 24 个、PV 节点有 5 个、平衡节点有 1 个，可以得到 $[S_1, S_2]$，其中 S_1 为 53 维，S_2 为 24 维。

利用主成分分析法，可以得到主成分分析的结果如表 6-6 所示，可以看到第一个主成分贡献率达到了 74.69%，前 5 个主成分累积贡献率达到了 98.43%。可认为前 5 个主成分为电压网损灵敏度的联合灵敏度成分。最后得到的 $[s_1, s_2, s_3, s_4, s_5]$ 即联合网损电压灵敏度矩阵，为下一步进行聚类分析构造了灵敏度场景聚类空间。

表 6-6　主成分分析结果

特征值	差值	贡献率/%	累计贡献率/%
57.51	44.78	74.69	74.69
12.73	9.76	16.53	91.22
2.97	1.28	3.85	95.07
1.69	0.77	2.18	97.25
0.91	0.24	1.18	98.43

2. 场景数选取

采用 K_{DBI} 有效性指标，为了得出合理的场景数 N，利用澳大利亚某地区相邻风电场（分别用 WF1 和 WF2 表示）的实测数据为基础，得到 K_{DBI} 指标如图 6-12 所示。

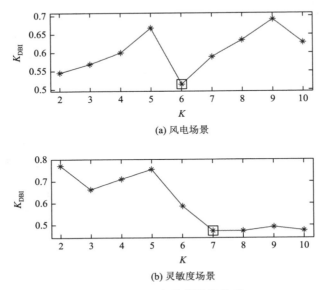

(a) 风电场景

(b) 灵敏度场景

图 6-12　K_{DBI} 与聚类数的关系

由图 6-12 可知，对于风电场景，聚类数为 $K = 6$ 时 K_{DBI} 取得极小值；增大聚类数时 K_{DBI} 值呈整体上升趋势，因此风电场景聚类数选为 6。对于灵敏度场景，聚类数为 $K = 7$ 时 K_{DBI} 取得极小值，因此灵敏度场景聚类数选为 7。

3. 对比分析

根据 6.3.2 节得到灵敏度场景，按照与 6.2 节相同的方法得到风电场景，两类场景下的聚类中心以及所占比例如表 6-7 所示。风电场景总共 6 类，风电场出力越大，所占比例越小，符合风电出力的规律。灵敏度场景共 7 类，其中 S7 类占总类数的 71.15%，其余所占比例较小，灵敏度场景将风电数据大部分集中在一定区域范围以内，不像风电场景是将风电功率由小到大进行排列，而忽略了风电对系统的影响。

表 6-7　风电场景与灵敏度场景下的聚类中心以及所占比例

场景	灵敏度场景中心功率/MW	灵敏度场景所占比例/%	风电场景中心功率/MW	风电场景所占比例/%
S1	(2.72, 6.44)	14.54	(0.52, 0.91)	36.89
S2	(2.73, 6.41)	2.94	(2.23, 4.53)	22.73
S3	(3.20, 7.22)	1.00	(4.26, 8.86)	15.93
S4	(3.27, 7.30)	1.92	(6.43, 14.58)	12.12
S5	(3.43, 7.79)	0.96	(9.80, 22.02)	7.73
S6	(3.67, 8.15)	7.49	(15.54, 31.09)	4.59
S7	(3.67, 7.94)	71.15	—	—

　　图 6-13 和图 6-14 给出了风电场景与灵敏度场景的聚类散点图,可以明显看出风电场景的散点图只是按照风电的大小依次分类,然而灵敏度场景打乱了风电出力的有序性,灵敏度场景散点图几乎重合,而对应的场景分类却不一样。这是因为风电接入系统中进行联合灵敏度计算以后,不同风电接入系统可能导致联合灵敏度的大小一样,而相同风电接入系统可能会导致灵敏度不同,该场景突出了对无功/电压影响的特征,说明灵敏度场景更多反映了系统的特性。

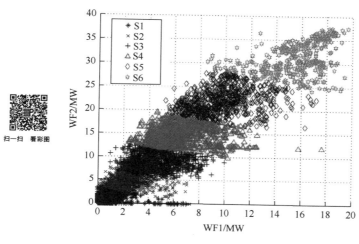

图 6-13　风电场景的聚类散点图

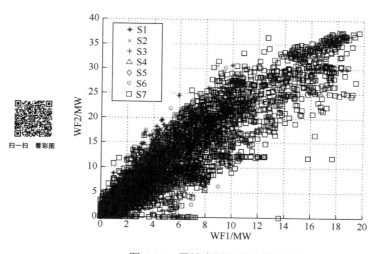

图 6-14　灵敏度场景的聚类散点图

　　表 6-8 给出了网损的最大值、最小值、均值、方差和 T 检验结果。由图可知,灵敏度场景的最大值、均值和方差均优于风电场景,其中网损均值为 17.52MW,比风电场景少了 2.83%,网损最大值比风电场景少了 3.77%,网损最小值比风电场景大 13.52%,网损方差低于风电场景;T 检验 $h=1$,置信区间小于 0,说明从统计意义上灵敏度场景分析方法优于

风电场景分析方法。灵敏度场景一定程度上反映了系统特性，相同风电出力，可能有不同的系统性能，而不同的风电出力可能有相同的系统特性，风电接入系统以后，一定程度上削弱了风电的波动性，在风电信息相对稳定的情况下，网损会相应减小。

表 6-8　　风电场景与灵敏度场景网损对比

评价指标	网损最大值/MW	网损最小值/MW	网损均值/MW	网损方差	h	CI
风电场景	27.09	8.73	18.03	6.81	—	—
灵敏度场景	26.07	9.91	17.52	5.12	1	[−0.586, −0.435]

表 6-9 给出了电压最大值、最小值以及偏差期望和 T 检验结果，风电场景的电压最大值小于灵敏度场景的电压最大值，电压最小值大于灵敏度场景的电压最小值，但是相差不大，说明在一定程度上都有一定的越限。从偏差期望来看，灵敏度场景优于风电场景。根据 T 检验结果，可以看到 CI＜0，因此灵敏度场景从统计效果上优于风电场景。

表 6-9　　风电场景与灵敏度场景电压对比

评价指标	电压最大值/p.u.	电压最小值/p.u.	电压偏差期望/p.u.	h	CI
风电场景	1.0613	0.9385	$3.60×10^{-4}$	—	—
灵敏度场景	1.0614	0.9357	$3.38×10^{-4}$	1	[−0.0070, −0.0062]

同时，图 6-15 给出了 30 个节点电压最大值的标幺值，可知灵敏度场景 11 节点越上限，但是风电场景在无功优化的情况下存在 9 节点越上限。图 6-16 给出了 30 个节点电压最小值的标幺值，由图可知，灵敏度场景 5、7 节点以及 18、19、30 节点越限，风电场景在无功优化的情况下，10、11、12、13、14、15、18、19、30 节点越限，可明显看出风电场景越下限的节点数为 10，而灵敏度场景越下限的节点数仅为 4。选取风电场景和灵敏度场景均越限的节点 18、19、30 节点进行概率统计分析。图 6-17 和图 6-18 给出了各越限节

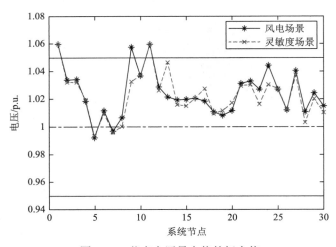

图 6-15　节点电压最大值的标幺值

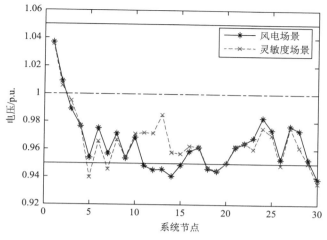

图 6-16　节点电压最小值的标幺值

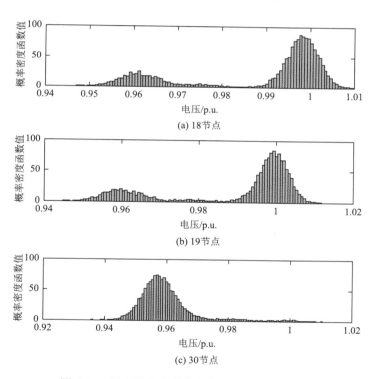

(a) 18节点

(b) 19节点

(c) 30节点

图 6-17　风电场景典型节点电压幅值概率密度图

点电压幅值的概率密度函数，灵敏度场景 18、19 节点的电压多数集中在 1p.u.附近，但是风电场景 18、19 节点的电压大部分集中在 0.95～0.98p.u.，由此可知风电场景电压越限情况方差大的原因。而 30 节点在两个场景下电压都在 0.95p.u.附近。图 6-19 和图 6-20 给出了风电场景和灵敏度场景电压越限节点的分布情况，风电场景 18、19 节点越限情况多于灵敏度场景，30 节点电压越限情况在两者中不相上下。

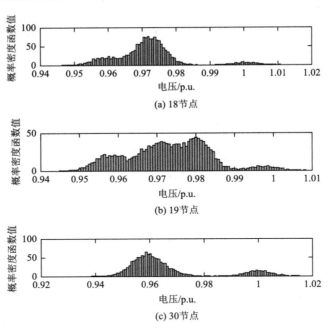

图 6-18　灵敏度场景典型节点电压幅值概率密度函数

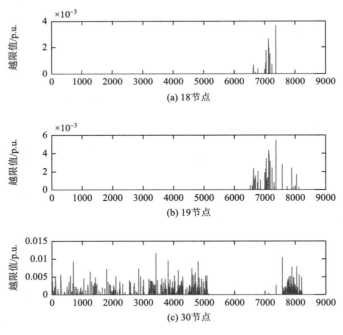

图 6-19　风电场景典型节点电压越限值

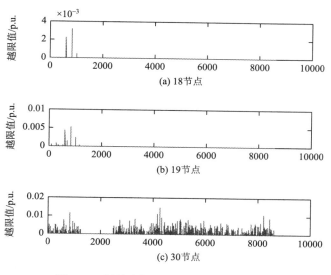

图 6-20　灵敏度场景典型节点电压越限值

表 6-10 给出了无功优化目标函数（网损、电压越限以及无功越限的加权和）的最大值、最小值、均值、方差以及 T 检验结果。从表 6-10 明显可知，灵敏度场景的最大值、均值和方差均优于风电场景，其中风电场景均值为 18.2103，比灵敏度场景高了 2.95%。从 T 检验来看，$h = 1$ 且置信区间位于小于零的一侧，说明从统计意义上，灵敏度场景优于风电场景。同时，灵敏度场景每个场景目标函数都比较接近，而风电场景的目标函数波动幅度比较大，不仅没有平抑风电给系统带来的劣根性，反而给电网带来诸多不利。

表 6-10　风电场景与灵敏度场景目标函数对比

评价指标	最大值	最小值	均值	方差	h	CI
风电场景	27.8216	8.8929	18.2103	7.3294	—	—
灵敏度场景	26.3532	10.0783	17.6880	5.1370	1	[−0.5993, −0.4453]

6.4　风电运行场景动态无功优化

动态无功优化在保证电力系统安全、经济运行的重要问题上，具有减少电力系统经济损失和保证电力系统电压水平在一个合理范围的功能。然而，随着大规模风电并入电力系统，如何处理动态无功优化中风电出力的不确定性是一个挑战。如果仅从风电的角度考虑，利用场景分析应用于风电便得到风电动态场景，其中，风电动态场景和运行动态场景存在一一对应的关系，但是在运行过程中，一种运行状况可能存在多个风电动态场景，在动态无功优化过程中，如果只从风电角度进行场景分析，所得的动态场景可能没有包含所有的动态运行场景信息。因此，本章提出一种动态运行场景（dynamic operation scenario，DOS）模型，考虑大规模风电并入电力系统的运行特性。首先，风电接入系统进行动态无功优化，得到控制变量样本，然后对控制变量进行场景削减反推得到关于风电的运行场景，最后以 IEEE30 节点为基础代入系统进行动态无功优化，得到动态无功优化的结果。

6.4.1　动态无功优化模型及求解方法

1. 动态无功优化模型

动态无功优化是一个计及时间相关性的非线性混合整数规划问题。对于动态无功优化，一般是已知 24h 的负荷及风电的预测量，利用分段处理的方法，分段以后每段的风电及负荷水平保持不变。其次对于变压器以及投切电容器的频繁动作会缩短电气设备的使用年限，将直接增加电网的投资成本。采用与静态无功优化一致的目变函数进行仿真，只是约束发生了变化。

控制变量的不等约束：

$$\begin{cases} Q_{g,t,\min} \leqslant Q_{g,t} \leqslant Q_{g,t,\max}, & g \in N_{\mathrm{G}} \\ C_{c,t,\min} \leqslant C_{c,t} \leqslant C_{c,t,\max}, & c \in N_{\mathrm{C}} \\ T_{k,t,\min} \leqslant T_{k,t} \leqslant T_{k,t,\max}, & k \in N_{\mathrm{T}} \\ \sum_{t=0}^{T_n} |C_{c,t+1} - C_{c,t}| \leqslant Y_{\mathrm{C}}, & c \in N_{\mathrm{C}} \\ \sum_{t=0}^{T_n} |T_{k,t+1} - T_{k,t}| \leqslant Y_{\mathrm{T}}, & k \in N_{\mathrm{T}} \end{cases} \tag{6-21}$$

式中，$t = 0,1,\cdots,T_n$，T_n 为时间分段数，本章设为 $T_n = 23$；N_{G} 为发电机节点集合；N_{C} 为可投电容器集合；N_{T} 为有载调压变压器集合；Y_{C} 为一天内可投切电容器最大允许动作次数；Y_{T} 为一天内有载调压变压器最大允许动作次数。

2. 动态无功优化求解方法

本章动态无功的求解方法如下：

（1）输入系统网络参数、负荷模型以及风电模型数据。

（2）对 24 个时段利用 6.2 节阐述的粒子群优化算法进行静态无功优化，获得各个时段各个控制设备的动作值。根据计算结果得到 24 个小时段电容器投切档位和有载变压器分接头的档位值，由于控制设备动作次数受到限制，所以根据变化值的大小排序以确定分配设备的动作次数，建立控制设备预动作表。

（3）利用控制设备预动作表，重新计算后续时段的无功优化从而动态调整控制设备预动作表，获得未来一天控制设备的动作时刻表，即动态调整动作表。具体流程如图 6-21 所示。

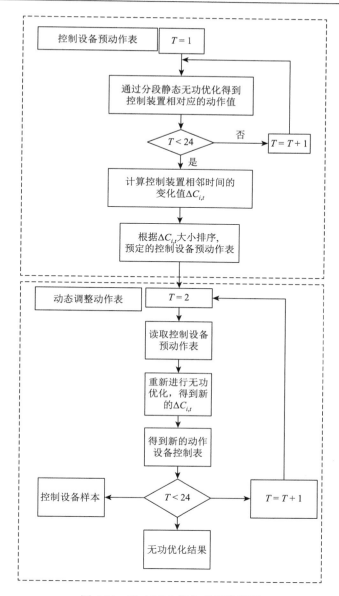

图 6-21　动态无功优化求解流程图

6.4.2　场景削减

风功率的动态场景生成, 会得到大量风电动态场景, 但是在这些场景中, 往往存在大量具有相似数据特征的风电动态场景, 不仅影响计算效果, 而且带来巨大计算工作量。由此, 本节采用同步回代削减法对动态风电场景进行削减, 使得到的场景与原始抽样场景保持相同的概率特性。

运用 1.2 节的动态场景生成方法, 得到 N 个初始场景, 然后运用同步回代削减法对场景进行削减。

同步回代削减法具体步骤如下：

（1）初始化场景。应用动态场景生成方法抽取 N 个动态场景，每个动态场景被抽取的概率为 $P_{s_i} = 1/N$。

（2）计算两两场景中的欧氏距离。定义场景 x_{s_1} 与 x_{s_2} 之间的欧氏距离为 $D_{s_1,s_2} = \| x_{s_1} - x_{s_2} \|_2$。

（3）删除场景 s_i。计算欧氏距离的方法见式（6-22），其中 J 表示删除的场景集合，将 s_i 场景剔除，并将 s_i 加入 J 中。

$$PD_{s_i,s_i'} = \min \sum_{i \in J} \{s_i \neq s_i' \bigcup s_i' \notin J\} \times P_{s_i} \qquad (6\text{-}22)$$

找出距离 s_i 欧氏距离最近的场景 s_i'，将保留下来的 s_i' 代替 s_i，并将保留下来的 s_i' 场景的概率修正为

$$P_{s_i}' = P_{s_{i'}} + P_{s_i} \qquad (6\text{-}23)$$

（4）重复步骤（3），直到场景数削减到预定的保留数目。

风电场景出现的概率为

$$P_{wt}'(t) = \sum_{s=1}^{n} \pi_s P_{wt,s}(t) \qquad (6\text{-}24)$$

式中，π_s 表示第 s 个场景出现的概率；$P_{wt,s}(t)$ 表示第 t 时刻、第 s 个场景下的风电发电功率。该公式既适应于场景缩减前，也适应于场景缩减后，对于场景缩减前，$\pi_s = 1/N$。

6.4.3　风电动态场景模型和动态运行场景模型

场景划分是根据已有数据的特征，通过聚类得到多种可能的场景，其中每种场景代表一个可能发生的并且各方面条件已知的未来环境，在此基础上各种影响因素都是确定的。由于风电的特点，可以使用场景划分的方法，从不同的角度出发得到不同类型的场景划分。如果直接利用风电动态场景（wind power dynamic scene，WPDS）的数据特征进行划分，可以得到传统风电动态场景。但是从电力系统运行结果的角度上，又可以得到风电动态运行场景。

风电动态运行场景划分指的是将风电场每一个风电有功出力随机样本代入系统，进行动态无功优化，得到动态无功优化的控制样本，对动态无功优化的控制样本进行场景削减，产生与系统运行特性相关的各个运行场景，再将运行场景映射到风电场景，得到风电动态无功优化运行场景。该方法不仅考虑了风电的随机特性，同时将风电的场景划分建立在系统运行优化的基础上，从而更利于指导系统运行。

1. 风电动态场景模型

传统风电动态场景划分指的是根据风电有功出力特征构建随机样本，通过场景削减，

将得到的场景进行无功优化。但是传统的风电场景削减没有考虑系统的运行特性，而只有风速或风电信息，当风电随机性较大时，可能难以得到较好的系统运行性能。

结合场景削减方法，建立风电动态场景模型，流程如图 6-22 所示。

2. 动态运行场景模型

结合同步回代削减法及无功优化结果，建立动态运行场景模型，其流程如图 6-23 所示。

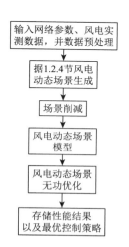

图 6-22　建立风电动态场景模型流程图

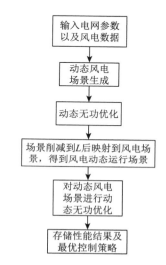

图 6-23　建立动态运行场景模型流程图

6.4.4　算例分析

1. 仿真条件

风电的实际功率和预测值来自于实际的爱尔兰风电数据，根据爱尔兰 2015 年 1 月至 2016 年 7 月的风电历史数据来产生动态风电场景，IEEE 30 节点中的其他节点由拉丁超立方进行采样得到负荷数据。本节风电场被当成 PQ 节点。IEEE 30 节点系统采用第 3 章中的试验系统进行仿真分析。

2. 风电动态场景模型和动态运行场景模型生成

根据 1.2.4 节的动态场景的生成方法，分别将爱尔兰风电数据以及北爱尔兰风电数据代入产生风电动态场景，产生的场景数为 500，如图 6-24 所示。由图 6-24 可知，该风电动态场景在时间上很好地刻画了其相关性，并且 500 个场景的产生能一定程度上反映风电的不确定性。其中图 6-24（a）是爱尔兰的风电动态场景；图 6-24（b）是北爱尔兰的风电动态场景。

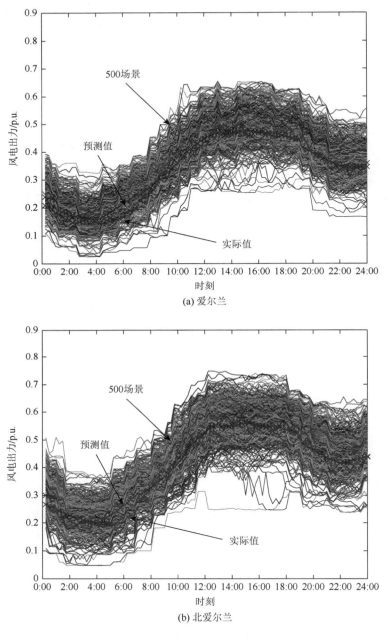

(a) 爱尔兰

(b) 北爱尔兰

图 6-24　风电动态场景（场景数为 500）

在动态无功优化过程中，假定电容器和变压器的操作数为 5 次，将其代入系统进行动态无功优化，得到的无功优化控制变量归一化结果如图 6-25 所示。由于风电的不确定性，会产生 500 个运行控制变量，运行人员很难选择一个合适的控制方案进行电网调控，将风电动态运行场景模型运行控制变量进行场景削减，场景削减的结果一定程度上能够代替 500 个运行控制结果。由此根据场景削减方法，将运行结果与风电一一对应得到风电动态运行场景，即动态运行场景模型；

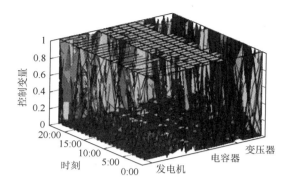

图 6-25　风电动态场景所对应的无功优化控制变量归一化结果

而如果从风电出发，按照 6.4.3 节的方法可得到风电动态场景，场景的结果如图 6-26 所示，

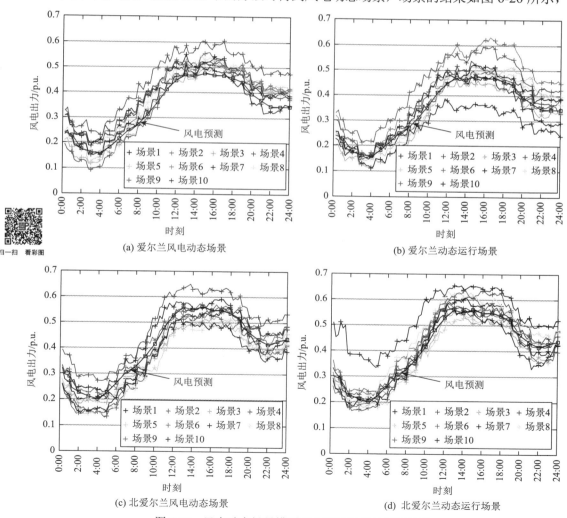

图 6-26　风电动态场景模型和动态运行场景模型结果

场景数为 10，其中各个场景的概率如表 6-11 所示。其中图 6-26（a）和（b）分别为爱尔兰风电数据的风电动态场景模型和动态运行场景模型，图 6-26（c）和（d）分别为北爱尔兰风电数据的风电动态场景模型和动态运行场景模型。

表 6-11　风电动态场景和动态运行场景概率（单位：%）

场景	场景 1	场景 2	场景 3	场景 4	场景 5
动态运行场景	6.4	6.8	6.4	13.4	6.6
风电动态场景	7.8	12.6	8.2	13.0	7.6
场景	场景 6	场景 7	场景 8	场景 9	场景 10
动态运行场景	11.8	12.2	8.8	7.8	19.8
风电动态场景	6.6	12.0	14	6.4	11.8

3. 对比分析

以场景 10 为例，该场景在动态运行场景和风电动态场景中的概率都很高；将场景 10 的风电动态场景模型和动态运行场景模型代入系统，得到对应的无功优化控制结果；观察电容器 3 在风电动态场景模型情况下，以及动态运行场景模型情况下与静态无功优化的对比如图 6-27 所示；由图可以得到，动态运行场景模型得到的控制结果与静态无功优化的控制结果更加接近，由此证明在电容器 3 的控制结果上动态运行场景模型优于风电动态场景模型。

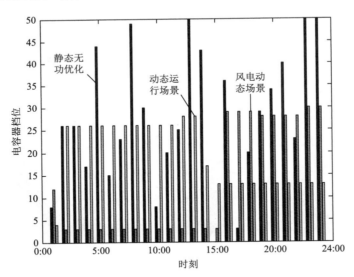

图 6-27　场景 10 的电容器 3 的投切结果对比

以此类推，按照相同的方法分析每一个控制变量的结果，其结果如表 6-12 所示，该表反映了所提模型与静态无功优化最优控制变量之间的偏差，其计算公式如下：

$$\Delta R_\% = \frac{\sum_{i=1}^{N} \Delta R_i}{N} \times 100\% = \frac{\sum_{i=1}^{N} |R_i - R_i'|}{N} \times 100\% \quad (6-25)$$

式中，N 为时刻数目；R_i 为静态无功优化得到的最优控制样本；R_i' 为当前优化模型所得到的控制变量的结果；ΔR_i 是 i 小时的偏离度。从表 6-12 可以看出，对动态运行场景的结果而言，其总和是 6.8616，而风电动态场景是 5.8646，与考虑的运行特性动态运行场景模型相比控制偏差度小于风电动态场景控制。

表 6-12　不同方案的控制变量偏差度比较（单位：%）

目标	结果	
	动态运行场景	风电动态场景
电容器 1 投切容量曲线偏差度	55.09	64.94
电容器 2 投切容量曲线偏差度	79.65	77.63
电容器 3 投切容量曲线偏差度	165.03	236.95
变压器 1 投切曲线偏差度	65.98	63.10
变压器 2 投切曲线偏差度	126.03	70.23
变压器 3 投切曲线偏差度	147.84	15.27
变压器 4 投切曲线偏差度	46.54	58.34

　　从图 6-28 可以看出，所有的母线电压均在可接受的范围内。表 6-13 给出了网损的最大值、最小值、均值、方差及 T 检验结果。动态运行场景模型网损的最大值、均值和方差均优于风电动态场景，其中网损最大值为 18.08MW，比风电场景少了 0.15MW。不仅如此，从 T 检验来看，动态运行场景模型 $h=1$ 且置信区间中心点位于小于零的一侧，说明动态运行场景模型具有明显优于风电动态场景模型的统计特性。表 6-14 给出了目标函数（网损、电压越限及无功越限的加权和）的最大值、最小值、均值、方差及 T 检验结果，显然风电动态场景模型的最大值、均值和方差均优于动态运行场景模型，其中风电动态场景模型的均值为 21.62MW，比运行场景大 3.33MW。不仅如此，从 T 检验来看，$h=1$，置信区间中心点位于小于零的一侧，说明动态运行场景模型从统计特性上明显优于风电动态场景模型。同时，动态运行场景模型每个场景的目标函数都比较接近，而风电动态场景模型的目标函数波动幅度较大，不仅没有平抑风电给系统带来的劣根性，反而给运行人员带来诸多不利。

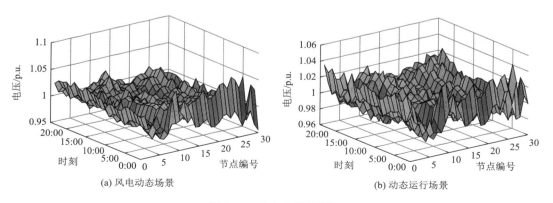

(a) 风电动态场景　　　　　　　　　　　(b) 动态运行场景

图 6-28　节点电压的期望

表 6-13 风电动态场景模型与动态运行场景模型网损对比

场景	网损最大值/MW	网损最小值/MW	网损均值/MW	网损方差	h	CI
风电动态场景	18.23	15.66	16.95	0.44	—	—
动态运行场景	18.08	15.99	16.08	0.33	1	[−0.32, 0.03]

表 6-14 风电动态场景模型与动态运行场景模型目标函数对比

场景	最大值/MW	最小值/MW	平均值/MW	方差	h	CI
风电动态场景	30.50	18.53	21.62	7.32	—	—
动态运行场景	21.74	16.17	18.29	1.76	1	[−4.6696, 0.19713]

参 考 文 献

[1] 刘德伟, 郭剑波, 黄越辉, 等. 基于风电功率概率预测和运行风险约束的含风电场电力系统动态经济调度[J]. 中国电机工程学报, 2013, 33 (16): 9-15.

[2] 刘公博, 颜文涛, 张文斌, 等. 含分布式电源的配电网动态无功优化调度方法[J]. 电力系统自动化, 2015, 39 (15): 49-54.

[3] 陈功贵, 李智欢, 陈金富, 等. 含风电场电力系统动态优化潮流的混合蛙跳算法[J]. 电力系统自动化, 2009, 33 (4): 25-30.

[4] Dai C, Chen W, Zhu Y, et al. Seeker optimization algorithm for optimal reactive power dispatch[J]. IEEE Transactions on Power Systems, 2009, 24 (3): 1218-1231.

[5] Dai C, Chen W, Zhu Y, et al. Reactive power dispatch considering voltage stability with seeker optimization algorithm[J]. Electric Power Systems Research, 2009, 79 (10): 1462-1471.

[6] 王成山, 郑海峰, 谢莹华, 等. 计及分布式发电的配电系统随机潮流计算[J]. 电力系统自动化, 2005 (24): 39-44.

[7] 陈继明, 祁丽志, 孙名好, 等. 多场景下含风电机组的配电网无功优化的研究[J]. 电力系统保护与控制, 2016, 44 (9): 129-134.

[8] 何禹清, 彭建春, 毛丽林, 等. 含多个风电机组的配电网无功优化[J]. 电力系统自动化, 2010, 34 (19): 37-41.

[9] 柳杰, 刘志刚, 孙婉璐, 等. 含风电场电力系统电压稳定性概率评估及其在无功优化中的应用[J]. 电网技术, 2012, 36 (11): 134-139.

[10] 陈海焱, 陈金富, 段献忠. 含风电机组的配网无功优化[J]. 中国电机工程学报, 2008, (7): 40-45.

[11] 王淳, 高元海. 基于概率统计的含间歇性分布式发电的配电网无功优化[J]. 电网技术, 2014, 38 (4): 1032-1037.

[12] Deeb N, Shahidehpour S M. Linear reactive power optimization in a large power network using the decomposition approach[J]. IEEE Transactions on Power Systems, 1990, 5 (2): 428-438.

[13] Quintana V H, Santos-Nieto M. Reactive-power dispatch by successive quadratic programming[J]. IEEE Transactions on Energy Conversion, 1989, 9 (9): 44-45.

[14] Yan W, Yu J, Yu D C, et al. A new optimal reactive power flow model in rectangular form and its solution by predictor corrector primal dual interior point method[J]. IEEE Transactions on Power Systems, 2006, 21 (1): 61-67.

[15] Jabr R A. Optimal power flow using an extended conic quadratic formulation[J]. IEEE Transactions on Power Systems, 2008, 23 (3): 1000-1008.

[16] Li Y Z, Li M S, Wu Q H. Optimal reactive power dispatch with wind power integrated using group search optimizer with intraspecific competition and lévy walk[J]. Journal of Modern Power Systems and Clean Energy, 2014, 2 (4): 308-318.

[17] Esmin A A A, Lambert-Torres G, Souza A C Z D. A hybrid particle swarm optimization applied to loss power minimization[J]. IEEE Transactions on Power Systems, 2005, 20 (2): 859-866.

[18]　Liu M，Tso S K，Cheng Y. An extended nonlinear primal-dual interior-point algorithm for reactive-power optimization of large-scale power systems with discrete control variables[J]. IEEE Transactions on Power Systems，2002，17（4）：982-991.

[19]　Liu W H E，Papalexopoulos A D，Tinney W F. Discrete shunt controls in a Newton optimal power flow[J]. IEEE Transactions on Power Systems，1992，12（11）：41.

[20]　Nie Y，Du Z，Wang Z，et al. PCPDIPM based optimal reactive power flow model with discrete variables[J]. International Journal of Electrical Power & Energy Systems，2015，69：116-122.

[21]　叶德意. 含风电机组的配电网动态无功优化研究[D]. 成都：西南交通大学，2013.

[22]　Clerc M，Kennedy J. The particle swarm-explosion，stability，and convergence in a multidimensional complex space[J]. IEEE Transactions on Evolutionary Computation，2002，20（1）：1671-1676.

第 7 章　考虑多风电场相关性的电力系统调度优化

7.1　引　言

7.1.1　研究背景及意义

电力系统经济调度的目标是通过制订安全可靠、灵活高效的机组出力及备用计划来确保安全经济运行的同时满足负荷需求,因此多数经济调度模型都以系统的经济性和可靠性为主要考量指标。然而,随着风力发电的并网运行,风电出力具有随机性、不确定性,风电出力的预测技术难以达到实际需求,因此需要调整相应的调度计划来保证系统的安全经济运行。因此,在含有风电场的电力系统经济调度研究中,需要在安排常规发电机组出力的同时,必须考虑风电场的出力特性。

一般情况下,系统经济调度问题就是在考虑系统功率平衡、旋转备用、爬坡能力、机组出力限制以及机组启停时间等约束条件下,制订某一时间段内的发电计划,使得发电总成本最小。风电并网前,由于电力系统负荷的可预测性以及发电机组的可控性,可以制订可靠的电力系统动态经济调度方案。但是随着大规模的风电并网,风电出力的随机性增加了系统的不确定性因素,给电力系统动态经济调度带来了更多困难,而且风电出力的预测精度难以满足实际需求,导致调度计划中系统的发电及备用成本大大提高。以往关于含风电场的电力系统经济调度研究,大多只考虑风电随机性、不确定性,没有考虑风电场相关性对系统调度的影响,导致系统调度过程中出现有功调度困难、系统潮流越限、运行成本增加等问题[1]。而考虑风电场相关性的电力系统经济调度研究中,主要关注两个风电场间的相关性,对于多个风电场(3 个及以上)出力的相关性研究几乎没有,然而实际电力系统中,风电场并网的数目往往不止两个。因此,考虑多风电场出力的相关性建立电力系统经济调度模型,对电力系统安全运行具有实际的意义。

7.1.2　国内外研究现状

电力系统的经济调度研究始于 20 世纪 30 年代,其主要研究电力系统的静态经济调度,即针对系统中的某一个时间断面求解最优解,忽略了相邻时段间的相互作用和影响。随着电力系统的不断发展,系统电源及负荷结构的不断发生变化,静态调度模型已然不能满足电力系统短期优化调度的需要。为了解决这一问题,Bechert 和 Kwatny 在 1972 年首次提出了动态经济调度的概念,考虑了各时间断面之间的耦合性,如发电机组的爬坡率、机组的启停时间等因素,因此动态优化调度模型的求解过程相对来说更为复杂,但计算结果更符合实际应用需要。

在研究初期,通过增加风电出力上下限约束和旋转备用量来处理风电的出力特性,将风电的不确定性调度问题转化为传统的确定性调度问题[2, 3]。文献[4]通过模糊集理论中的隶属度函数来处理风电出力的不确定性,但该方法在建立隶属度函数时容易受人为因素的影响致使调度决策方案不够客观。文献[5]在研究含风电电力系统动态经济调度时,通过引入正、负旋转备用约束来处理风电出力预测误差带来的影响。但以上研究对风电出力的处理均采用确定性方法,很难准确描述风电出力的随机性。文献[6]通过概率的形式描述风电场出力的随机性,并建立一种针对风电出力不确定性的多目标随机优化模型。文献[7]和[8]通过采用场景分析法对风电的不确定性出力进行概率建模,将风电场的出力曲线离散化为多个概率场景,再对各场景进行采样得到风电出力场景,并将其运用到电力系统的经济调度中。文献[9]通过拉丁超立方采样产生大量风电出力场景,再利用同步回代法进行场景削减得到多个随机出力场景,然后考虑各场景下风电-水电-火电耦合的运行约束,建立机组组合的场景随机优化模型。

上述研究主要侧重于处理风电出力的随机性,而忽略了多风电场出力之间的相关性。文献[9]借助 Gumbel Copula 函数构建多风电场出力的联合概率分布,分析风电出力的尾部相关性,提出含多风电场的电力系统随机优化调度模型。由于多风电场联合分布难以获取,因此文献[10]采用 Nataf 逆变换得到多风电场出力样本,对比分析风速相关性对调度决策的影响。文献[11]首先采用 *t*-Coupla 函数建立 24h 两风电场出力的相关性模型,然后通过含多风电场的动态经济调度典型算例进行仿真,结果表明考虑多风电场出力的相关性对制订合理的调度计划的必要性及有效性。由此可见,风电场相关性在电力系统的调度中已经不能忽视,但目前考虑风电场相关性的调度模型时,仅仅考虑了两风电场出力的相关性,分析不够全面,没有考虑多维风电场的相关性。

因此,本书主要研究能够准确描述多维风电场相关性的电力系统经济调度模型。对于风电出力的随机性问题,采用场景分析法生成少量具有代表性的风电出力场景来刻画风电随机特征。而关于多风电场出力相关性的场景生成法,一般先通过对风电场的相关性进行建模,然后采用拉丁超立方或蒙特卡罗等采样方法进行采样,得到大出力场景采样,最后通过聚类分析或场景缩减法得到几个典型的出力场景[11]。然而,该方法得到的场景虽然保留了多风电场的相关性,但是基于某一日的出力数据得到的联合分布,缺乏代表性。本书基于大量历史数据,得到单时刻下多风电场出力的相关性模型,采样得到单时刻出力代表场景集合,然后采用基于最优聚类数的 *K*-means 聚类方法对 24 个时刻的场景集合进行聚类,得到具有代表性的出力场景,最后对各场景进行调度优化。

7.2　多风电场出力相关性的场景概率模型

建立多风电场出力相关性的场景概率模型,分为以下几步:
(1) 获取多维风电出力的联合分布;
(2) 产生服从联合分布的数据样本;
(3) 通过聚类分析得到风电出力场景。

本书基于前文建立的 Pair Copula 模型得到多风电场的联合分布,然后基于 Pair Copula

模型的采样方法，得到服从联合分布的 N 组数据，最后采用基于最佳聚类数目的 K-means 聚类方法得到风电出力场景。

7.2.1 模型采样

由于 Pair Copula 模型的结构比较复杂，因此该多元联合分布的采样方法与二元联合分布的采样略有不同。

这里基于 Pair Copula 模型得到的随机变量多维联合概率分布函数，根据 n 维联合概率密度函数，把多个变量的联合分布函数按条件概率分解，各个条件概率密度函数对应的变量相互之间独立。而且各随机变量是满足定义域在[0, 1]区间的均匀分布函数。因此，多个随机变量 $x_1, x_2, \cdots, x_n$ 的边缘分布函数 $u_1, u_2, \cdots, u_n$ 的概率分布函数可假设为

$$\begin{cases} z_1 = u_1 \\ z_2 = F(u_2 \mid u_1) \\ z_3 = F(u_3 \mid u_1, u_2) \\ z_4 = F(u_4 \mid u_1, u_2, u_3) \\ \quad \vdots \\ z_n = F(u_n \mid u_1, u_2, \cdots, u_{n-1}) \end{cases} \tag{7-1}$$

式中， $z_1, z_2, \cdots, z_n$ 为[0, 1]区间均匀分布的样本。

根据式（7-1），再结合 2.4.1 节条件分布函数式和藤结构，逐步迭代可以得到相应的随机变量 $u_1, u_2, \cdots, u_n$ 的采样，再基于 $u_i = F(x_i)(i = 1, 2, \cdots, n)$，得到相应的随机变量 x_i 的采样值。

本书采用 C 藤结构建模，以三维相关性模型为例，采样流程具体如下：

（1）采用蒙特卡罗或者拉丁超立方等采样方法得到[0, 1]区间内独立均匀分布的随机序列 z_1、 z_2、 z_3；

（2）令 $z_1 = u_1 = F(x_1)$ 为样本 u_1 的采样点；

（3）根据式（2-22）条件分布式可得， $z_2 = F(u_2 \mid u_1) = \dfrac{\partial C_{12}(u_1, u_2)}{\partial u_1}$，其中 z_2、 u_1 已知，求解该偏微分方程即可得到 u_2 的采样点；

（4）同理可得， $z_3 = F(u_3 \mid u_1, u_2) = \dfrac{\partial C_{3|12}(F(u_3 \mid u_1), z_2)}{\partial z_2}$，其中 z_2、 z_3 已知，而 $F(u_3 \mid u_1) = \dfrac{\partial C_{12}(u_1, u_3)}{\partial u_1}$，代入上式，求解偏微分，即可得到 u_3 的采样点；

（5）将 u_1、 u_2、 u_3 的采样点代入 $x_i = F(x_i)^{-1}$ 中求解边缘分布的逆变换得到变量 $x_1, x_2, \cdots, x_n$ 的采样点。

7.2.2 聚类分析

选取比较成熟的 K-means 聚类来实现对大规模风电场数据的聚类分析。但是，该聚类

方法对初始聚类中心的选择比较敏感，容易陷入局部最优；而且在进行聚类分析前，必须提供聚类数目，在不清楚要将样本聚成多少个类别的情况下，如何设置最佳聚类数目有待商榷。鉴于 K-means 聚类存在的这两个问题，为了保证聚类结果的准确性，本书聚类分析包括如下两部分：①采用常规的 K-means 聚类方法，得到初始聚类结果，然后迭代计算，更新聚类中心直到聚类中心收敛，得到改进结果；②选取多个聚类数，多次聚类，根据聚类性能指标（Davies-Bouldin，DB）来评估聚类的结果，选出最优聚类数。

DB 计算公式[12]为

$$DB = \frac{1}{k}\sum_{i=1}^{k}\mathop{Max}_{j,j\neq i}\left[\frac{1}{d(c_i,c_j)}(R_i+R_j)\right] \qquad (7\text{-}2)$$

$$R_i = \frac{1}{n_i}\sum_{x\in C_i}d(x,c_i) \qquad (7\text{-}3)$$

式中，c_i、c_j 分别表示类中心；R_i、R_j 为类半径，分别表示类别 i、j 中样本数据到聚类中心的距离的平均值，计算公式如式（7-3）所示；n_i 为类别 i 中包含的样本数目。

K-means 聚类的具体计算流程前面已经介绍，在此不再赘述。

7.2.3　场景概率模型

传统的场景概率模型是通过建立 24h 多风电场的联合出力的 Copula 模型，然后基于蒙特卡罗、拉丁超立方等采样方法，得到 N 组符合 Copula 联合分布的出力场景，然后采用聚类或场景削减的方法得到几个典型出力场景。

因为传统的场景概率模型是基于 24h 风电出力的联合分布，得到的采样场景也服从该分布，所以各场景之间以及各场景与原始场景间具有很强的相似性，场景不够全面，只能用于当日的调度，当风电出力变化后，需要重新建立场景模型，场景缺乏预见性。因此，有必要建立具有代表性的风电出力场景，避免在系统运行中反复求解调度方案。针对该问题，本书基于大量单时刻的历史出力数据，建立单时刻的相关性模型，得到能够代表单时刻出力特性的出力场景，在采样过程中保证每个时刻出力的时序发生性，最后将得到的 24 个时刻的出力点顺序连接，得到多组风电出力场景，再进行场景划分得到具有代表性的风电出力场景。

本书采用纵向建模、横向排序和场景聚类的方法进行场景概率模型的求解，求解过程如图 7-1 所示，分为如下几个步骤：

（1）数据的获取。根据某一段连续时间（共 m 天）内历史出力数据，统计同一时刻下各风电场的出力数据，得到 24 组数据 $(P_{w1,i},P_{w2,i},\cdots,P_{wn,i})^{T_j}$，$j=1,2,\cdots,24$ 为时刻数，$i=1,2,\cdots,m$ 为样本的容量，n 为风电场的个数。

（2）纵向建模。基于统计的单时刻 n 个风电场的出力数 $(P_{w1,i},P_{w2,i},\cdots,P_{wn,i})^{T_j}$，采用 Pair Copula 理论，按照前文介绍的建模过程，得到 $T_j(j=1,2,\cdots,24)$ 时刻下多风电场出力的相关性模型。

（3）横向排序。基于第（2）步得到的 1:00～24:00 的多风电出力的联合分布函数，采用前文介绍的 Pair Copula 模型采样方法，与原始数据进行"一对一"顺序采样。这样采样方式得到的各单时刻风电出力样本保留了原始数据纵向上的时序性。将样本按照 1:00～24:00 的时序顺序进行排序，得到样本矩阵 $Z_{N\times24}$，该矩阵的每一行即代表一个日出力场景，共 N 个日出力采样场景。

（4）场景聚类。采用 K-means 聚类方法，将样本矩阵 $Z_{N\times M}$ 进行场景聚类，得到 k 个具有代表性的出力场景。

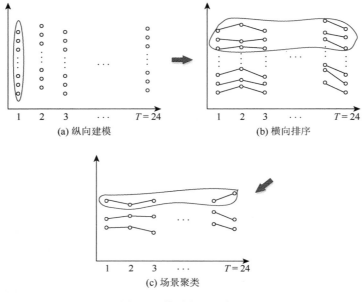

(a) 纵向建模　　　　　　　　(b) 横向排序

(c) 场景聚类

图 7-1　模型求解示意图

7.3　含多风电场的电力系统经济调度模型

7.3.1　目标函数

因为风能不需要消耗化石燃料，风电场的运行成本很小，可以忽略不计，所以本书在经济调度模型中只考虑常规火电机组所消耗的燃料成本。考虑到风电的间歇性和随机性会影响机组启停调度策略，因此将常规机组的启停费用加入电力系统经济调度目标函数中得到调度的数学表达式：

$$f = \sum_{s=1}^{n} p_s \sum_{t=1}^{T} \sum_{i=1}^{N} U_{i,t} F(P_{i,t}) + U_{i,t}(1 - I_{i,t-1}) S_{i,t} \qquad (7\text{-}4)$$

式中，f 为运行成本；n 为场景的个数；p_s 为第 s 个场景出现的概率，$s = 1,2,\cdots,n$；$t = 1,2,\cdots,T$ 为运行周期的时刻；$i = 1,2,\cdots,N$ 为常规机组组号；$I_{i,t}$ 为机组 i 在 t 时刻的运行状态，$U_{i,t} = 1$ 表示运行，$U_{i,t} = 0$ 表示停运；$F(P_{i,t})$ 为机组在运行过程中的燃料费用，

与机组出力的大小有关，计算公式见式（7-5）；$S_{i,t}$ 表示启动成本，根据机组停运时间的长短，可分为"冷启动"成本和"热启动"成本，便于计算，将两种启动成本近似为常数，如式（7-6）所示：

$$F(P_{i,t}) = a_i P_{i,t}^2 + b_i P_{i,t} + c_i \tag{7-5}$$

$$S_{i,t} = \begin{cases} S_{\mathrm{H},i,t}, & M_{\mathrm{off},i} \leqslant T_{\mathrm{off},i,t} \leqslant M_{\mathrm{off},i} + T_{\mathrm{C},i} \\ S_{\mathrm{C},i,t}, & T_{\mathrm{off},i,t} \geqslant M_{\mathrm{off},i} + T_{\mathrm{C},i} \end{cases} \tag{7-6}$$

式中，a_i、b_i、c_i 表示机组 i 的燃煤费用系数；$P_{i,t}$ 表示机组 i 在 t 时刻的出力；$S_{\mathrm{H},i,t}$ 表示机组 i 热启动成本；$S_{\mathrm{C},i,t}$ 表示机组 i 冷启动成本；$M_{\mathrm{off},i}$ 表示机组 i 最小停机时间；$T_{\mathrm{off},i,t}$ 表示机组 i 在 t 时刻内连续停机的时间；$T_{\mathrm{C},i}$ 表示机组 i 的冷启动时间。

7.3.2　约束条件

在进行系统调度时，风电场的出力、常规机组的出力以及系统负荷间是相互制约的，为了保证系统安全经济运行，它们之间必须满足以下约束条件。

1）功率平衡约束

$$\sum_{i=1}^{N} U_{i,t} P_{i,t} + P_{\mathrm{w},t} - P_{\mathrm{L},t} = 0 \tag{7-7}$$

式中，$P_{\mathrm{L},t}$ 表示系统 t 时刻的总负荷；$P_{\mathrm{w},t}$ 表示风电场 t 时刻的出力。

2）旋转备用约束

对于含风电场的电力系统，为了保证电力系统能够安全、可靠、经济地运行，发电机组除了满足负荷需求，还要提供足够的备用容量：

$$\sum_{i=1}^{N} U_{i,t} P_{i,t} + P_{\mathrm{w},t} \geqslant P_{\mathrm{L},t} + P_{\mathrm{R},t} \tag{7-8}$$

式中，$P_{\mathrm{R},t}$ 表示系统 t 时刻的旋转备用需求。

3）机组出力约束

机组在运行时，必须将机组的出力控制在其允许的极限范围内，所以机组的出力约束方程为

$$P_{i,\min} \leqslant P_{i,t} \leqslant P_{i,\max} \tag{7-9}$$

式中，$P_{i,\max}$、$P_{i,\min}$ 分别表示机组 i 出力的最大值与最小值。

4）爬坡约束

爬坡约束的目的是在一定的时间内，将机组的出力变化控制在一定的范围内，避免出现突变的情况，即

$$P_{i,t} - P_{i,t-1} \leqslant P_{i,\mathrm{up}} \tag{7-10}$$

$$P_{i,t-1} - P_{i,t} \leqslant P_{i,\mathrm{down}} \tag{7-11}$$

式中，$P_{i,\mathrm{up}}$、$P_{i,\mathrm{down}}$ 分别表示机组 i 出力的最大上升率和最大下降率。

5）最小启停时间约束

基于对机组的运行维护，机组在切换运行状态（开机或停机）时，都必须间隔一定的时间，其约束方程为

$$T_{\text{off},i,t} \geqslant M_{\text{off},i} \tag{7-12}$$

$$T_{\text{on},i,t} \geqslant M_{\text{on},i} \tag{7-13}$$

式中，$M_{\text{on},i}$ 表示机组 i 最小开机时间；$T_{\text{on},i,t}$ 表示机组 i 在 t 时刻内连续运行的时间。

7.4　实例分析

本书将上述考虑多风电场相关性的场景概率模型与含风电场的电力系统经济调度模型相结合，以澳大利亚相邻区域内 3 个风电场的历史出力数据为基础，进行实例分析。为了对比多风电场的相关性对电力系统经济调度的影响，以及验证本书提出的场景概率模型的有效性，设定以下 3 种模式进行调度。

模式一：不考虑多风电场的相关性，即无须建立相关性模型，直接采用风电日出力数据进行调度。

模式二：考虑多风电场的相关性，采用传统的多风电场相关性的场景概率模型进行调度。

模式三：考虑多风电场的相关性，采用本书提出的多风电场相关性的场景概率模型进行调度。

7.4.1　各运行模式下的风电出力场景

1. 模式一

不考虑多风电场的相关性，选取澳大利亚 2012 年 3 月 1 日 3 个风电场的出力数据进行建模，即图 7-2 中的风电联合出力曲线。

2. 模式二

采用模式一的数据以及传统的场景概率模型进行建模。采样得到风电场相关性的出力样本后进行最佳聚类数目的确定。为了减小聚类结果偶然性以及确定最佳聚类数，设定多个聚类数目，并重复聚类 30 次，结果如表 7-1 所示。

表 7-1　聚类结果统计分析结果（模式二）

聚类数目 K	3	4	5	6	7	8
DB 均值	8.3426	8.3421	8.3226	8.3415	8.3372	8.3290
DB 方差	0.1443	0.1415	0.1351	0.1369	0.1421	0.1402

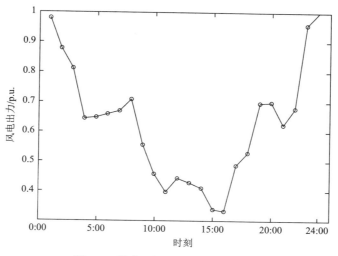

图 7-2　模式一的风电联合出力曲线

由表 7-1 可知，聚类数为 5 时，DB 指标的均值和方差都较小，说明该聚类数目下的聚类结果较好，且聚类性能比较稳定，因此设定最佳聚类数为 5，得到如图 7-3 所示的 5 个风电出力场景以及各个场景的概率，如表 7-2 所示。

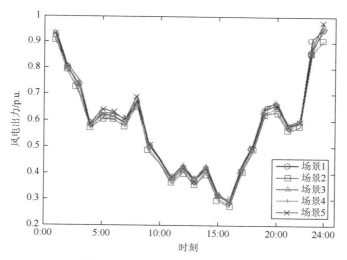

图 7-3　模式二的风电联合出力场景

表 7-2　各个场景的概率统计表

场景	场景 1	场景 2	场景 3	场景 4	场景 5
出现概率	21%	20%	20%	23%	16%

3. 模式三

该模式下采用所提出的基于大量出力数据的多风电场出力相关性的场景概率模型，按照 7.2.3 节的建模步骤进行建模。

1）纵向建模

根据 Pair Copula 理论建立单时刻的多风电场出力相关性模型,得到单时刻下多风电场出力的联合分布函数,通过模型采样,产生能够模拟单时刻多个风电场联合分布的样本。24 个时刻的样本分布不一,各有特点,难以描述。因此,选取了其中具有代表性的两种样本散点图,如图 7-4 所示。图中 x、y、z 轴分别代表风电场 1、风电场 2、风电场 3 的出力。

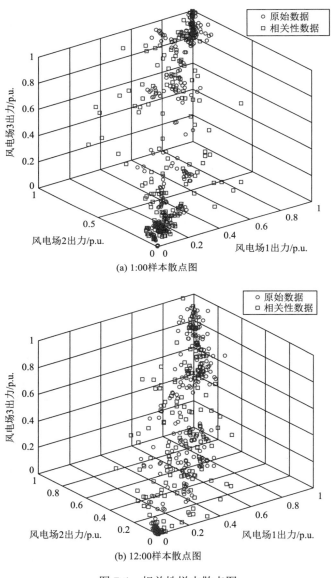

(a) 1:00样本散点图

(b) 12:00样本散点图

图 7-4　相关性样本散点图

图 7-4（a）为 1:00 采样得到的相关性样本与原始数据的散点图。由图可以看出，该相关性样本分布与原始数据的分布存在一定的相似性，说明该相关性样本一定程度上捕捉到了多风电场历史出力数据的特性，而且可以看出 1:00 风电出力的规律，风电场的出力比较极端，集中在最小值与最大值附近。

图 7-4（b）为 12:00 样本散点图。该图中两种样本的分布与图 7-4（a）有比较明显的区别，图 7-4（b）中的散点散落在风电出力的各个区间，分布相对均匀，说明该时刻下风电出力落在各个出力区间的概率几乎一样。

鉴于篇幅限制，24 个时刻的样本散点图不再——列举，采用衡量数字统计特性的指标，即均值、方差、偏度、峰度，来对单时刻的相关性数据与原始数据进行量化分析，验证各单时刻风电出力的采样场景的有效性，结果如图 7-5 所示。

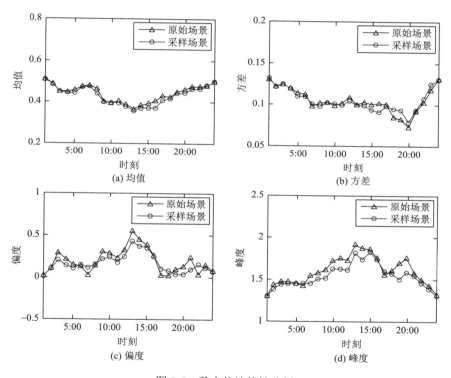

图 7-5　数字统计特性分析

从图 7-5 可以看出，各时刻的采样场景与原始场景的均值、方差、偏度、峰度的差异并不大，其中两场景均值和方差都很接近，说明各时刻的采样场景能很好地反映原始场景的统计特性，说明单时刻风电出力相关性模型能够很好地刻画原始的风电出力特性，即验证了单时刻出力场景的有效性。

2）横向聚类

将单时刻风电出力相关性样本按时序排列后进行场景聚类，再确定最佳聚类数时仍然采用多次聚类的方法，结果如表 7-3 所示。

表 7-3　聚类结果统计分析结果（模式三）

聚类数目 K	3	4	5	6	7	8
DB 均值	1.2722	1.1482	1.0991	1.1683	1.1589	1.1513
DB 方差	0.0483	0.0055	0.0051	0.0119	0.0099	0.0067

由表 7-3 可知，$K = 5$ 时，DB 指标的均值、方差最小，说明多次聚类的结果差别不大，且性能较好，因此设定最佳聚类数为 5。

基于最佳聚类数的聚类结果如图 7-6 所示，各风电出力场景的概率如表 7-4 所示。

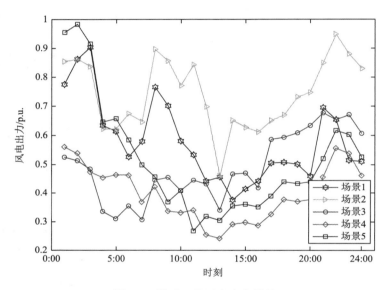

图 7-6　模式三的风电出力场景

表 7-4　场景的概率统计表

场景	场景 1	场景 2	场景 3	场景 4	场景 5
出现概率	30%	15%	25%	10%	20%

7.4.2　各运行模式下的经济调度

选用典型 10 机系统及其扩展系统（20 机）作为算例，系统旋转备用为负荷需求的 10%，负荷参数如表 7-5 所示，常规机组的具体参数见表 7-6，其余参数及 20 机系统的参数见文献[13]。

表 7-5　10 机系统负荷参数（单位：MW）

时刻	1:00	2:00	3:00	4:00	5:00	6:00	7:00	8:00
P_{LD}	700	750	850	950	1000	1100	1150	1200
时刻	9:00	10:00	11:00	12:00	13:00	14:00	15:00	16:00
P_{LD}	1300	1400	1450	1500	1400	1300	1200	1050
时刻	17:00	18:00	19:00	20:00	21:00	22:00	23:00	24:00
P_{LD}	1000	1100	1200	1400	1300	1100	900	800

表 7-6　10 机系统常规机组的参数

机组	机组 1	机组 2	机组 3	机组 4	机组 5
$P_{i,max}$ /MW	455	455	130	130	162
$P_{i,min}$ /MW	150	150	20	20	25
a_i /(美元/h)	1000	970	700	680	450
b_i /(美元/MWh)	16.9	17.26	16.60	16.50	19.70
c_i /(美元/MWh)	0.00048	0.00031	0.02	0.00211	0.00398
$T_{on,i}$ /h	8	8	5	5	6
$T_{off,i}$ /h	8	8	5	5	6
$S_{H,i}$ /美元	4500	5000	550	560	900
$S_{C,i}$ /美元	9000	10000	1100	1120	1800
$T_{C,i}$ /h	5	5	4	4	4
初始状态	8	8	−5	−5	−6
机组	机组 6	机组 7	机组 8	机组 9	机组 10
$P_{i,max}$ /MW	80	85	55	55	55
$P_{i,min}$ /MW	20	25	10	10	10
a_i /(美元/h)	370	480	660	665	670
b_i /(美元/MWh)	22.26	27.74	25.92	27.27	27.79
c_i /(美元/MWh)	0.00712	0.00079	0.00413	0.00222	0.00173
$T_{on,i}$ /h	3	3	1	1	1
$T_{off,i}$ /h	3	3	1	1	1
$S_{H,i}$ /美元	170	260	30	30	30
$S_{C,i}$ /美元	340	520	60	60	60
$T_{C,i}$ /h	2	2	0	0	0
初始状态	−3	−3	−1	−1	−1

1. 常规机组调度结果

基于上述参数以及 7.4.1 节求解得到的各模式下的风电出力曲线，采用 7.3 节含风电场的电力系统经济调度模型分别进行各模式下的系统调度，得到了如图 7-7 和图 7-8 所示的 10 机系统及 20 机系统各模式下的常规机组出力图。调度人员可根据该图掌握常规机组的出力情况，实施安全经济的调度技术。

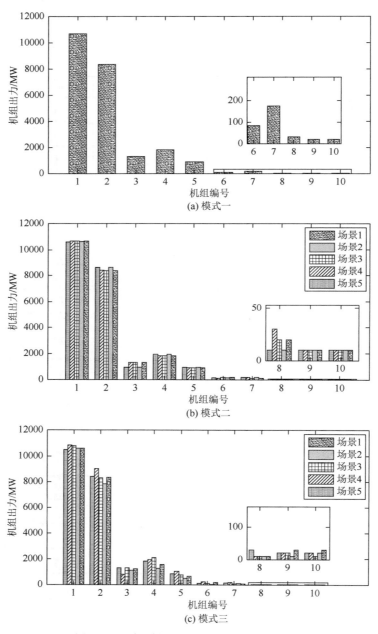

图 7-7　10 机系统各模式下常规机组出力图

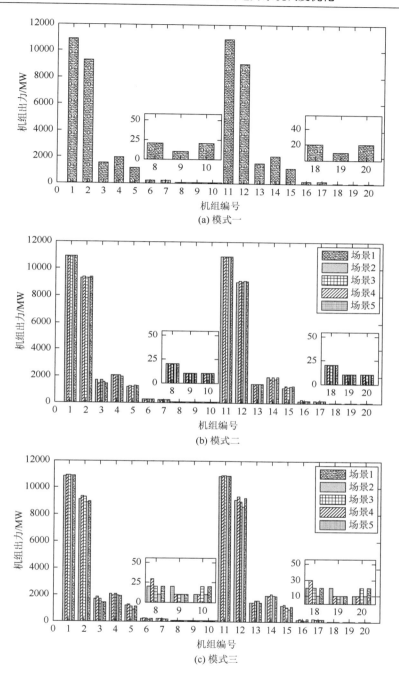

图 7-8　20 机系统各模式下常规机组出力图

2. 运行成本对比分析

基于 10 机系统及 20 机系统的算例仿真结果，对各运行模式下系统的调度结果进行汇总分析，结果如表 7-7 所示。

表 7-7　各运行模式下的调度结果

运行模式		运行成本/美元	
		10 机系统	20 机系统
模式一		481104	1038015
模式二 （概率）	场景 1（35%）	479835	1037521
	场景 2（15%）	479992	1038503
	场景 3（25%）	480066	1037717
	场景 4（10%）	481027	1036552
	场景 5（15%）	479634	1037738
	均值	480111	1037606
模式三 （概率）	场景 1（35%）	465969	1022909
	场景 2（15%）	438053	994401
	场景 3（25%）	478705	1036966
	场景 4（10%）	494713	1054355
	场景 5（15%）	478609	1036790
	均值	471210	1029084

由表 7-7 可知：10 机系统及 20 机系统的调度结果中，考虑相关性的调度方法（模式二）的运行成本均比不考虑相关性（模式一）的运行成本低，10 机系统平均节约成本 993 美元，20 机系统平均节约成本 409 美元，因此无论采用模式二的任何一个场景进行调度均能有效降低运行成本，从而验证了考虑风电场相关性的模型的经济性及场景概率模型的有效性。

虽然模式二采用的传统概率模型已经能够很好地解决风电场相关性问题，在一定程度减小系统的运行成本，但是该模型的风电出力场景相似性较大，而预见性和代表性上有待改善。因此，本书提出了模式三采用的考虑多风电场相关性的场景概率模型，得到了具有代表性的 5 个风电出力场景模拟风电出力的多种情况。但是模式二与模式三的调度方式略有不同，在已知某日风电计划出力的情况下，模式二采用该日的风电出力数据建立场景概率模型，再确定调度方案；而模式三则是基于日前的大量历史数据首先建立场景概率模型，然后选择与该日的风电出力最接近的场景作为运行场景，最后确定调度方案。

因此，在对比两种调度模式的经济性时，要先确定模式三的运行场景，因此将风电的实际出力场景与模式三的各场景进行比较，以欧氏距离作为衡量指标，得到了如表 7-8 所示的对比结果。

表 7-8　风电实际出力与模式三的各场景对比结果

对比场景	场景 1	场景 2	场景 3	场景 4	场景 5
欧氏距离	0.7974	1.0693	1.0116	1.0929	0.7776

根据表 7-8 风电实际出力与各场景出力间的欧氏距离的计算结果可知，模式三场景 5 的欧氏距离最小，说明场景 5 的风电出力与风电实际出力最接近，所以选择场景 5 进行调度。

表7-7中10机系统及20机系统中模式三场景5的运行成本与模式二各场景的运行成本进行比较,可以发现模式三场景5的运行成本明显要低于模式二的各场景,说明所提出的场景调度模型更具经济性。

参 考 文 献

[1]　杨柳青. 考虑风电接入的大电网多目标动态优化调度研究[D]. 广州:华南理工大学,2014.

[2]　Lu C,Chen C,Hwang D,et al. Effects of wind energy supplied by independent power producers on the generation dispatch of electric power utilities[J]. Electrical Power and Energy Systems,2008,30(9):553-561.

[3]　周玮. 含风电场的电力系统动态经济调度问题研究[D]. 大连:大连理工大学,2010.

[4]　Jiang W,Yan Z,Hu Z. A novel improved particle swarm optimization approach for dynamic economic dispatch incorporating wind power[J]. Electric Power Components and Systems,2010,9(5):461-477.

[5]　Miranda V,Hang P S. Economic dispatch model with fuzzy wind constraints and attitudes of dispatchers[J]. IEEE Transactions on Power Systems,2005,20(4):2143-2145.

[6]　Hetzer J,Yu D C,Bhattarai K. An economic dispatch model incorporating wind power[J]. IEEE Transactions on Energy Conversion,2008,23(2):603-611.

[7]　Aghaei J,Niknam T,Azizipanah-Abarghooee R,et al. Scenario-based dynamic economic emission dispatch considering load and wind power uncertainties[J]. International Journal of Electrical Power and Energy Systems,2013,47(1):351-367.

[8]　雷宇. 基于场景分析的含风电场电力系统机组组合问题的研究[D]. 济南:山东大学,2013.

[9]　葛晓琳. 水火风发电系统多周期联合优化调度模型及方法[D]. 北京:华北电力大学,2013.

[10]　杨洪明,王爽,易德鑫,等. 考虑多风电场出力相关性的电力系统随机优化调度[J]. 电力自动化设备,2013,33(1):114-120.

[11]　谢敏,熊靖,刘明波,等. 基于Copula的多风电场出力相关性建模及其在电网经济调度中的应用[J]. 电网技术,2016,(4):1100-1106.

[12]　刘燕驰. 基于密度的最佳聚类数确定方法[J]. 中国管理信息化,2011,14(9):30-33.

[13]　Kazarlis S A,Bakirtzis A G,Petridis V. A genetic algorithm solution to the unit commitment problem[J]. IEEE Transactions on Power Systems,1996,11(1):83-92.